모리셔스 홀리데이

모리셔스 홀리데이

2023년 4월 3일 개정1판 1쇄 펴냄

지은이 양인선
발행인 김산환
책임편집 윤소영
편집 박해영
디자인 기조숙
지도 글터
펴낸 곳 꿈의지도
인쇄 다라니
종이 월드페이퍼

주소 경기도 파주시 경의로 1100, 604호
전화 070-7535-9416
팩스 031-947-1530
홈페이지 blog.naver.com/mountainfire
출판등록 2009년 10월 12일 제82호

ISBN 979-11-6762-050-7-14980
ISBN 979-11-86581-33-9-14980(세트)

MAURITIUS
모리셔스 홀리데이

양인선 지음

꿈의지도

프롤로그

새로운 여행지를 물색할 때 나에겐 많은 이유가 필요하지 않다. 여행을 떠날 이유가 단 한 가지만 있더라도 그곳으로 여행을 떠난다. 내가 처음 모리셔스를 발견했을 때 이곳으로 떠나야겠어! 라고 마음을 먹기까지는 1분이 채 걸리지 않았다. 환상적인 르 몽의 수중 폭포, 그리고 한 여성이 돌고래와 수영하는 모습이 담긴 사진이 내 맘을 사로잡았기 때문이다.

모리셔스는 지금까지도 한국인에게 허니문을 위한 조용하고 고급스런 휴양지로만 알려져 있다. 그래서 여행을 떠나는 순간까지 사진으로 봤던 두 가지 이외에 모리셔스에 대한 별 기대가 없었다. 하지만 모리셔스에서 보낸 시간은 나에게 '유레카!'를 외치게 했다. 순수한 모리셔스가 나를 사로잡았다. 산이면 산, 바다면 바다 할 것 없이 아름답고 황홀했다. 여기에 다양한 액티비티와 생각 외로 저렴한 물가, 곳곳에 포진한 다양한 가격대의 숙소까지, 여행 인프라가 잘 갖춰져 있고 즐길 거리도 많았다.

그 후 다시 긴 여행을 하며 모리셔스 전역을 누비다 보니 전에는 몰랐던 모리셔스의 숨겨진 모습들이 눈에 들어왔다. 그러나 모리셔스는 아직까지 한국인에게 정보가 부족한 여행지다. 한국 사람들의 모리셔스 여행 패턴은 대부분 허니문과 비슷하다. 그게 너무 아쉬웠다. 진짜 모리셔스의 모습은 뒤로한 채 리조트에만 머물다 가는 사람들의 손을 잡아끌고 진짜 모리셔스를 만나게 해주고 싶었다.

모리셔스는 내가 다녀본 여행지 중 자유여행으로 관광하기가 가장 좋은, 그리고 안전한 나라 중 TOP 3 안에 든다. 그래서 내가 아는 모리셔스를 모두에게 알려주고 싶은 마음이 간절했다. 당신이 가야할 곳은 당신이 알고 있는 그곳만이 아니라는 것을 말해주고 싶었다. 이 책을 보며 모리셔스 여행을 꿈꾸는 사람들이 나와 같은 감동을 누리기를 소망한다.

Special Thanks to

모리셔스 여행 중 바다에서 풍랑(?)을 만나 사망한 나의 카메라 때문에 취재에 난항을 겪었습니다. 그때 구세주처럼 중국인 사진작가 Derek이 나타났습니다. 그와 함께 모리셔스 여행을 했습니다. 이 책에 실린 많은 사진은 Derek이 촬영한 것입니다.

그리고 책에 필요한 양질의 정보를 채워준 Nadeem, 내가 원할 때마다 언제든지 모리셔스 이야기를 풀어준 모리시안 예술가 Nim, 함께 크로아티아를 여행하며 추억을 풍성하게 만들어준 종민이 그리고 Nova와 Hans, 마지막으로 항상 나를 위해 기도하는 사랑하는 가족에게 무한한 감사를 전합니다.

양인선

〈모리셔스 홀리데이〉 100배 활용법

모리셔스 여행 가이드로 〈모리셔스 홀리데이〉를 선택하셨군요. '굿 초이스'입니다.
모리셔스에서 뭘 보고, 뭘 먹고, 뭘 하고, 어디서 자야 할지 더 이상 고민하지 마세요.
친절하고 꼼꼼한 베테랑 〈모리셔스 홀리데이〉와 함께라면 당신의 모리셔스 여행이 완벽해집니다.

01

모리셔스를 꿈꾸다

STEP 01 » PREVIEW 를 먼저 펼쳐보세요. 모리셔스의 환상적인 풍경, 다채로운 해양 액티비티 등, 모리셔스에서 꼭 즐겨야 할 것, 먹어야 할 것들을 안내합니다. 놓쳐서는 안 될 핵심 요소들을 사진으로 만나보세요.

02

여행 스타일 정하기

STEP 02 » PLANNING 을 보면서 나의 여행 스타일을 정해보세요. 알찬 여행을 보내기 위한 다양한 스타일의 여행과 최대한으로 시간을 활용할 수 있는 여행 방법에 대해 소개합니다.

03

여행 플랜 짜기

STEP 02 » PLANNING 을 보면서 일정을 정해봅니다. 가기 전에 알아두면 좋은 역사와 교통에 대해 알아보고 모리셔스만의 독특한 음식 문화도 체크해 보세요.

04

지역별 일정 짜기

모리셔스 지역편 에서 모리셔스의 지역별 관광지와 레스토랑, 숙소 등을 소개합니다. 도시를 가장 알차게 여행할 수 있는 효율적인 동선을 알려드리니 나만의 일정을 짜보세요.

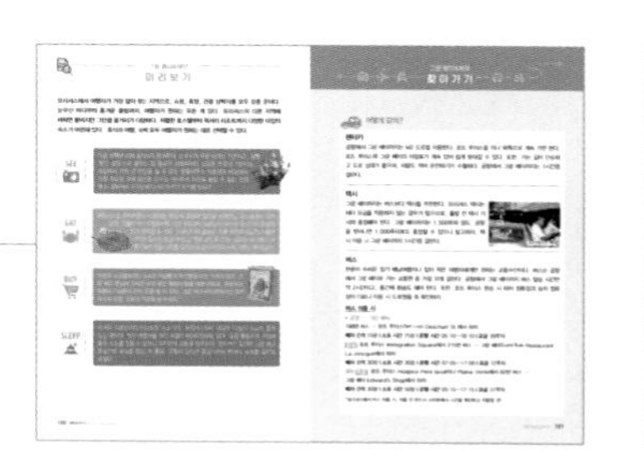

05

교통편 및 여행 정보

여행에 있어서 가장 중요한 것은 교통입니다. 모리셔스 지역 간 이동 등 여행자를 위해 추천하는 교통편과 여행자가 꼭 알아야 할 여행 정보를 소개합니다. **모리셔스 지역편** 에서는 도시별로 여행지를 찾아가거나 여행지 간 이동할 수 있는 교통편을 제시합니다.

06

숙소 정하기

숙소가 어디냐에 따라 여행 일정이 달라집니다. **모리셔스 지역편 » SLEEP** 에서 지역별 여행지마다 잘 곳을 알려줍니다. 허니무너를 위한 럭셔리 리조트부터 가족여행객을 위한 아파트형 호텔까지. 자신의 취향에 맞는 숙소를 정해 보세요.

07

D-day 미션 클리어

여행 일정까지 완성했다면 책 마지막의 **여행 준비 컨설팅** 을 보면서 혹시 빠뜨린 것은 없는지 확인해 보세요. 여행 60일 전부터 출발 당일까지 날짜별로 챙겨야 할 것들이 리스트업 되어 있습니다.

08

홀리데이와 최고의 여행 즐기기

이제 모든 여행 준비가 끝났으니 〈모리셔스 홀리데이〉가 필요 없어진 걸까요? 여행에서 돌아올 때까지 내려놓아서는 안 돼요. 여행 일정이 틀어지거나 계획하지 않은 모험을 즐기고 싶다면 언제라도 〈모리셔스 홀리데이〉를 펼쳐야 하니까요. 〈모리셔스 홀리데이〉는 당신의 여행을 끝까지 책임집니다.

일러두기

1. 이 책에 실린 정보는 2023년 2월까지 수집한 정보를 기준으로 했으며 이후 변동될 가능성이 있습니다. 특히 교통편의 운행 일정과 요금, 레스토랑의 요금 및 영업시간 등은 현지 사정에 따라 변동될 수 있으므로 여행 계획을 세우기 위한 가이드로 활용하시고, 여행 전 홈페이지를 통해 검색하거나 현지에서 다시 한번 확인하시길 바랍니다.
2. 숙박시설은 고급 리조트부터 세련된 부티크 호텔, 저렴한 게스트하우스까지 다양한 예산별 숙소를 소개합니다. 숙박비는 예약 경로나 방법, 여행 시기, 각종 숙박 플랜 등에 따라 달라질 수 있으니 유의 바랍니다.
3. 이 책에 소개하고 있는 지명이나 상점 이름 등에 표기한 영어와 프랑스어는 국립국어원의 외래어표기법에 최대한 따랐습니다. 프랑스어는 실제 발음과 조금 다르게 들릴 수도 있습니다.

CONTENTS

MAURITIUS BY AREA

모리셔스 지역별 가이드

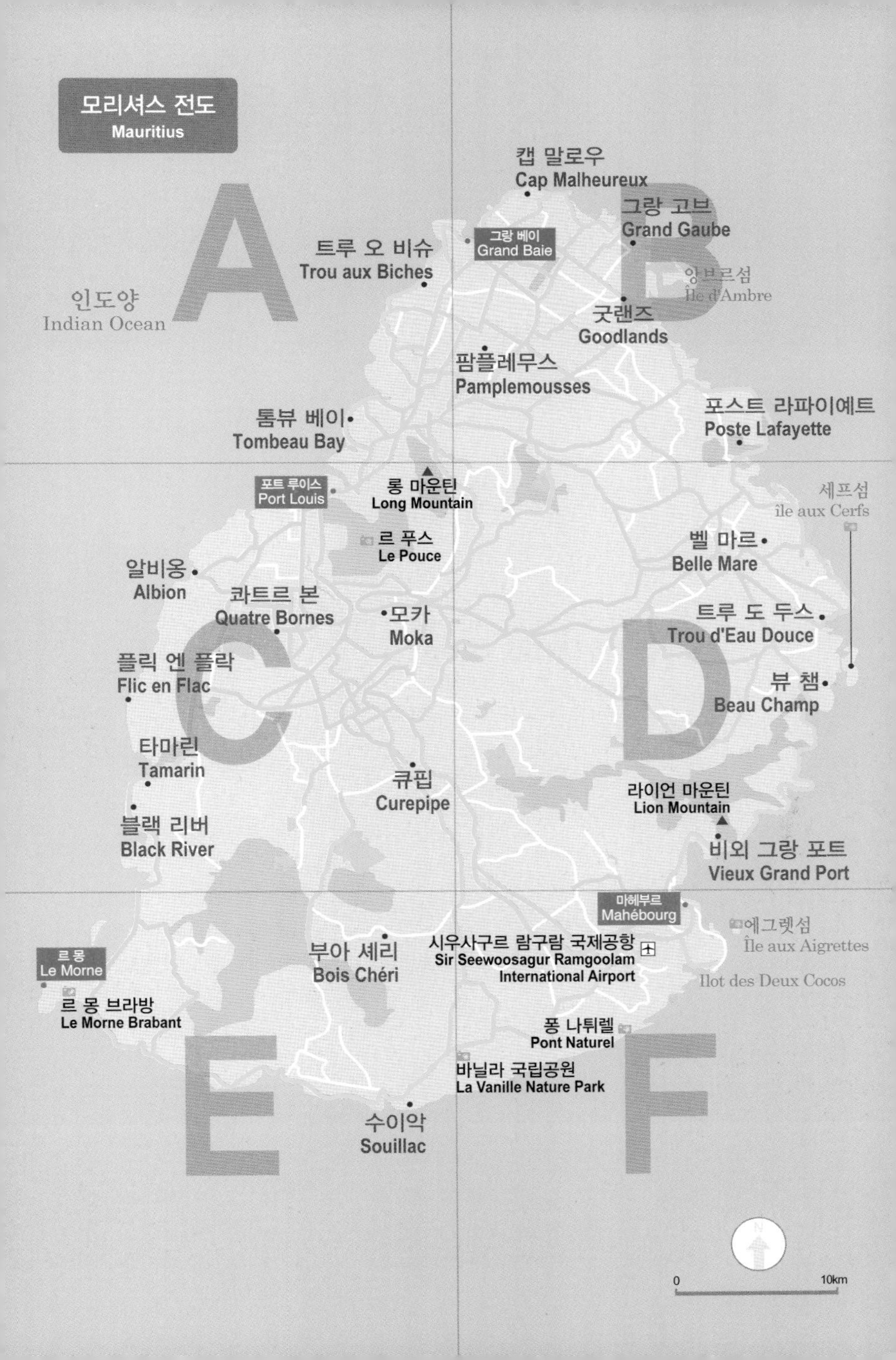

모리셔스 전도
Mauritius

A
B
C
D
E
F

인도양
Indian Ocean

캡 말로우
Cap Malheureux

그랑 고브
Grand Gaube

트루 오 비슈
Trou aux Biches

그랑 베이
Grand Baie

앙브르섬
Île d'Ambre

굿랜즈
Goodlands

팜플레무스
Pamplemousses

포스트 라파이예트
Poste Lafayette

톰뷰 베이
Tombeau Bay

포트 루이스
Port Louis

롱 마운틴
Long Mountain

세프섬
île aux Cerfs

르 푸스
Le Pouce

벨 마르
Belle Mare

알비옹
Albion

콰트르 본
Quatre Bornes

모카
Moka

트루 도 두스
Trou d'Eau Douce

플릭 엔 플락
Flic en Flac

뷰 챔
Beau Champ

타마린
Tamarin

큐핍
Curepipe

라이언 마운틴
Lion Mountain

블랙 리버
Black River

비외 그랑 포트
Vieux Grand Port

마헤부르
Mahébourg

에그렛섬
Île aux Aigrettes

르 몽
Le Morne

부아 셰리
Bois Chéri

시우사구르 람구람 국제공항
Sir Seewoosagur Ramgoolam
International Airport

Ilot des Deux Cocos

르 몽 브라방
Le Morne Brabant

퐁 나튀렐
Pont Naturel

바닐라 국립공원
La Vanille Nature Park

수이악
Souillac

N

0 10km

Step 01
Preview
모리셔스를
꿈꾸다

PREVIEW 01

모리셔스 MUST SEE

미지의 휴양지, 인도양의 진주 모리셔스. 모리셔스에서 특별한 휴가를 보내기 위해 놓치지 말아야 할 것들을 모아봤다. '휴양지는 이런 것!'이라며 누군가가 만들어 놓은 것 같은 모리셔스에서 진정한 천국을 발견하자.

1 르 몽 수중 폭포 Le Morne Underwater Waterfalls

모리셔스하면 떠오르는 대표적인 명소, 헬리콥터 투어로 가까이에서 내려다보면 바닷속으로 빨려들어가는 것 같다. ▸ 057p

2 캡 말로우 성모마리아 성당
Notre Dame Auxiliatrice de Cap Malheureux Church

빨간 지붕 성당과 파란 바다가 어우러지는 웨딩 촬영의 명소 ▸ 109p

3 르 몽 비치 Le Morne Beach

세계자연유산 지역인 르 몽지역에 위치한 비치. 모리셔스 카이트서핑의 메카로 유명하다. ▸ 138p

4 모리셔스의 드넓은 사탕수수밭

모리셔스는 오래전부터 사탕수수를 재배해 만든 설탕으로 유명하다.

5 세븐 컬러드 어스
Seven Coloured Earth

화산 폭발이 남기고 간 자연의 신비. ▸ 151p

6 빅토리아 아마조니카 Victoria Amazonica

팜플레무스 식물원에서 꼭 봐야 할 보물. 거대한 아마존 빅토리아 연꽃잎. ▶ 108p

7 샤마렐 폭포 Chamarel Waterfall

모리셔스에서 가장 큰 폭포. ▸ 150p

8 그랑 베이의 선셋

영화 같은 하루가 저무는 곳. 모리셔스 서쪽 비치는 모두 선셋 명소로 알려져 있지만, 지형이 올록볼록한 그랑 베이는 일몰이 더 아름답다. ▸ 112p

9 퐁 나튀렐 Pont Naturel

수천 년간 자연이 만들어낸 절경. ▸ 178p

PREVIEW 02

모리셔스 MUST DO

아침에 일어나면 쪽빛 바다가, 눈을 돌리면 초록빛 산이, 고개를 들면 그림 같은 하늘이 머리 위로 펼쳐진 모리셔스. 이곳에는 자연과 함께 할 것이 너무 많다. 더 머무르고 싶은 곳에서는 시간이 더 빨리 흐르는 법! 돌아가는 길이 아쉽지 않도록 모리셔스의 빛나는 순간을 아낌없이 즐겨보자.

1 그 섬에 가고 싶다! 사슴섬이라 불리는 세프섬Île aux Cerfs에서 카타마란 투어하기 ▸ 175p

3 바람을 타고 파도 위로 점프하는 카이트서핑 즐기기 ▸ 138p

2 모리셔스의 특별한 기억, 사자와 교감하기 ▸ 142p

4 수면을 박차 오르는 돌고래와의 만남, 돌고래 투어 ▸ 147p

5 감동이 밀려오는 풍경 속으로! 르 푸스 트레킹 ▸ 209p

7 150년간 변함없이 비스킷을 만들어온 카사바 비스킷 공장 견학하기 ▸ 172p

6 '100살 된 어린이' 자이언트거북이와 인증샷 찍기 ▸ 174p

8 포트 루이스 센트럴 마켓에서 로컬 모습 구경하기 ▸ 202p

9 200년간 내려오는 샹 드 마르스 경마장에서 경마 보며 소리 질러 보기 ▸ 204p

11 예쁜 비치에서 하루 종일 누워 있기

10 블루 베이 비치에서 스노클링 하기 ▸ 177p

12 초록 들판과 그림 같은 바다를 따라 드라이브 하기

PREVIEW 03

모리셔스 MUST EAT

다민족 국가인 모리셔스는 음식 문화에서도 특징이 묻어난다. 프랑스, 인도, 중국, 그리고 아프리카 음식이 섞여 모리셔스만의 독특한 음식이 탄생했다. 게다가 상상 이상으로 저렴하다. 뻔한 리조트식보다 다양한 로컬 푸드를 경험해보는 것은 모리셔스 여행의 또 다른 즐거움이다.

모리셔스식 만둣국!
부렛

이름도 모양도 신기한
매직 볼

밥 한 그릇 뚝딱!
문어 커리

모리셔스의 대표 길거리 음식
돌 푸리

달콤한 모리시안의 국민 음료
알루다

맛도 가격도 엄지 척!
바나나 타르트

독주를 부드럽게 즐기는 방법,
프루트 럼

향긋한 티 타임,
바닐라 티

모리셔스 식탁의 주인공
피닉스 맥주

동글동글 귀여운
빅토리아 파인애플

Step 02

Planning

모리셔스를 **그리다**

PLANNING 01

모리셔스 오리엔테이션

〈허클베리 핀의 모험〉을 집필한 마크 트웨인은 모리셔스를 여행하며 "신은 모리셔스를 만들었다. 그리고 모리셔스를 따라 천국을 만들었다"라는 말을 남겼다. 아프리카 인도양에 떠 있는 작은 섬, 모리셔스. 산호초 가득한 옥빛 바다가 끝도 없이 펼쳐지는 곳이 바로 모리셔스다. 사시사철 25도를 유지하며, 계절 불문하고 항상 청명하고 파란 하늘을 보여준다. 누군가가 휴양지는 이런 것이라며 일부러 만들어놓은 것처럼 휴양지의 조건을 타고난 섬이다.

모리셔스의 역사

모리셔스의 역사는 짧다. 이 섬이 세계사에 등장한 것은 500여 년 전이다. 1507년 포르투갈 선단이 인도양을 항해하다 우연히 발견한 무인도가 바로 모리셔스다. 처음 모리셔스를 발견한 포르투갈인들은 모리셔스에서 발길을 돌렸다. 섬이 위치적으로 고립되어 있었기 때문. 1638년 네덜란드 선단이 모리셔스를 발견한 후 정착하기 위해 노력했지만, 폭풍과 가뭄, 전염병 같은 악재를 이기지 못하고 결국 떠나고 말았다.

1710년 모리셔스에 첫발을 디딘 프랑스는 이곳을 식민지로 만든 후, 사탕수수와 같은 열대 작물을 재배했고 아프리카에서 노예를 들여왔다. 그로부터 100년 뒤, 1810년 프랑스와 영국이 나폴레옹 전쟁을 벌였는데, 당시 승리한 영국이 프랑스를 밀어내고 모리셔스를 점령했다. 영국은 모리셔스에 이미 프랑스 문화가 깊게 뿌리내린 것을 알고, 모리셔스 주민들이 사용하는 언어와 관습, 법률 등의 자유를 보장했다. 이런 이유로 150년 이상 영국의 지배를 받았으면서도 모리시안은 불어를 쓰고, 프랑스 문화가 주류를 이룬다. 모리셔스는 1968년 영국으로부터 독립했다.

다민족 국가 모리셔스

1835년 영국이 노예 제도를 폐지한 후로 다양한 민족이 어울려 살게 되었다. 노예 제도가 없어진 후, 인도, 중국, 마다가스카르, 말레이시아에서 일자리를 찾아 많은 사람들이 이주해왔다. 세계 최고의 인종 대이동이라 기록될 정도로 많은 사람들이 모리셔스로 몰려왔다. 수많은 이민자 가운데 인도인이 압도적으로 많았다.

현재 모리셔스의 민족은 인도계 68%, 크레올 27%, 중국계 3%, 프랑스계 2% 순으로 많고, 아시아는 물론 유럽과 아프리카가 섞인 다인종 사회가 되었다. 이처럼 다양한 민족과 인종이 어울리면서 모리셔스만의 문화를 이루었고 여행자들에게 좋은 볼거리를 선사한다. 인종이 다양한 만큼 힌두교, 이슬람교, 기독교 등 종교가 다양하고, 독특한 음식 문화도 형성됐다.

모리셔스는 고단한 역사 속에서도 서로에 대한 존중과 배려, 그리고 평화롭게 공존하는 법을 터득했다. 덕분에 오늘날 낯선 이방인에게도 넉넉한 웃음을 나누어주고, 여행자들은 모리셔스를 잊지 못하고 다시 찾게 된다.

PLANNING **02**

모리셔스를 말하는 **6가지 키워드**

여행은 아는 만큼 보인다고 했던가. 모리셔스를 여행하다 보면 몇 가지 풍경이 눈에 띈다. 비행기가 도착하기 전부터 눈에 들어오는 사탕수수, 거리에 서 있으면 계속해서 마주치는 다양한 피부색의 사람들, 기념품숍마다 보이는 도도새 등 모리셔스 여행을 풍성하게 해줄 정보를 정리했다.

01 모리셔스의 커다란 존재감 도도새

모리셔스를 상징하는 도도새Dodo는 멸종된 지 340여 년이 흘러 지금은 볼 수 없다. 하지만, 오늘날까지 도도새의 존재감은 대단해 기념품 숍, 마을에 그려진 벽화, 박물관 등 모리셔스 곳곳에서 쉽게 볼 수 있다.

크기가 1m가 넘고, 몸무게는 20kg에 육박하는 거대한 도도새는 모리셔스에서만 볼 수 있었다. 천적이 없었기 때문에 날개가 점점 퇴화되어 결국 날지 못하는 새가 되었다. 또, 도도새는 몸집이 크고 뚱뚱해서 빨리 달릴 수 없었다.

모리셔스에 처음 발을 디딘 네덜란드 선원들은 사람을 보고도 도망가지 않는 새를 보고, '바보'라는 뜻의 도도라고 이름을 붙였다. 도도새는 네덜란드 선원들이 단백질 섭취를 위해 잡아먹으면서 개체수가 급격히 줄어들었고, 1681년 멸종되었다. 도도새가 멸종된 후, 도도새의 배설물로만 번식하는 카바리아Cavaria 나무 또한 희귀종이 되었다. 현재는 13그루만 남아 있다. 도도새의 멸종과 관련하여, "As dead as a Dodo(이젠 더 이상 볼 수 없는 것)"라는 영어 속담도 생겼다. 도도새는 더 이상 볼 수 없지만, 모리시안들은 도도새 멸종을 교훈으로 모리셔스의 자연을 지켜나가기 위해 꾸준히 노력하고 있다.

02 사탕수수의 나라 모리셔스

모리셔스에 도착하면 가장 먼저 눈에 들어오는 것이 양탄자를 깔아놓은 것 같은 사탕수수밭이다. 모리셔스는 80% 이상이 사탕수수밭으로 이루어졌다고 해도 과장이 아니다.

사탕수수는 17세기 후반 네덜란드인들이 사슴, 원숭이 등과 함께 모리셔스로 들여왔다. 당시 달콤한 사탕수수 맛에 홀린 유럽인들은 중남미를 비롯한 세계에 사탕수수 농장을 만들기 시작했고, 모리셔스도 그중 한 곳이었다. 네덜란드인들은 모리셔스 전역에 사탕수수 농장을 짓고 아프리카에서 노예를 데려와 경작하게 했다. 그 결과, 1835년 노예 제도 폐지 후에도 계속해서 부를 축적해 나갈 수 있었다.

과거에 화폐로 통용될 만큼 귀했던 설탕은 현재 모리셔스의 주요 수출품목으로, 사탕수수는 모리셔스와 떼놓을 수 없다. 사탕수수로 만든 모리셔스 럼주는 세계 최고의 품질을 자랑한다. 오늘날 모리셔스는 관광업과 섬유업이 주 산업이지만, 사탕수수는 여전히 모리셔스를 지탱하는 힘의 원천이다.

사탕수수로 만드는 설탕과 럼의 역사와 제작과정은 설탕 박물관L'Aventure du Sucre과 샤마렐 럼 공장Le Rhumerie de Chamarel에서 볼 수 있다. 모리셔스를 여행한다면 필수 관광 코스다.

도도새를 수놓은 기념품

사탕수수밭

03 모리셔스를 대표하는 풍경 르 몽

르 몽Le Morne은 모리셔스를 대표하는 풍경 중 하나다. 모리셔스 남서쪽에 반도 형상을 하고 있는 르 몽 중심에는 산이 우뚝 솟아 있고, 그 앞은 비치가 펼쳐져 있다. 모리셔스 여행을 준비하다 보면 한 번은 보게 되는 풍경이다. 특히 르 몽 비치에 있는 수천만 년 전 화산활동으로 생겨난 수중 폭포가 장관인데, 모래와 퇴적물이 쌓여, 바다가 갑자기 물속으로 꺼지는 듯한 착시현상을 일으킨다. 이런 우물 모양의 수중 폭포가 투명한 바다에 수십 개가 있다. 위에서 바라만 봐도 빨려 들어갈 것 같은 기분이 든다. 또한, 모리셔스 최고급 리조트들이 들어서 있고, 카이트서핑, 서핑, 다이빙 등 해양 액티비티를 즐기는 곳으로도 유명하다.

그러나 르 몽의 아름다움 이면에는 비극적인 역사가 숨어 있다. 르 몽은 18세기 모리셔스로 팔려온 노예들이 농장에서 도망쳐 살던 피난처였다. 경찰들이 노예 제도가 폐지되었다는 것을 알리려고 했으나, 숨어살던 노예들은 경찰이 하는 말을 믿지 못했고, 르 몽 브라방 꼭대기에서 뛰어내려 죽음을 택했다. 르 몽 브라방 아래에는 자유와 인간의 존엄성을 위해 투쟁했던 노예들의 비극적인 삶을 기리는 석상과 기념비가 있다. 아름다움 뒤에 슬픈 역사를 간직한 르 몽은 2008년 유네스코 세계 문화유산으로 등록되었다.

04 고통을 행복으로 승화시킨 세가

모리셔스 전통 음악과 춤을 세가Sega라고 한다. 언뜻 들으면 북소리에 파도소리가 뒤섞인 것처럼 들리는데, 몸이 절로 들썩거리는 흥겨운 리듬이다. 한 번 듣고 나면 귓가에 여운이 오래도록 남는다. 여인들이 알록달록한 옷을 입고 화려하게 몸을 흔들며 춤을 추는 장면도 인상적이다. 볼수록 중독성이 강한 음악과 춤이다.

세가는 모리셔스 노예들이 힘든 일을 마친 후 고통을 달래기 위해 창조되었다. 그들에게 세가는 춤과 노래 그 이상의 의미로, 조금은 에로틱하고 관능적인 몸짓은 서로를 위로하는 평화의 메시지를 담고 있다. 모리셔스를 지배하던 유럽인들은 노예 생활을 하는 비참한 상황에서도 행복을 노래하던 그들의 모습을 보고 충격을 받아 세가를 금지시키기도 했다. 하지만 탄압에 저항하며 세가는 지금까지 모리셔스 전통 음악으로 전해 내려오고 있다.

주말이나 휴일에 비치나 공원에 가면 북처럼 생긴 마라반Maravann으로 세가를 연주하며 춤추는 모리시안들을 볼 수 있다. 또한, 세가 공연은 아웃 리거, 샨티 모리스, 샨드라니, 롱비치 등의 대형 리조트 등에서도 관람할 수 있다. 세프섬 해적선 투어 신청 시에도 선상 위에서 펼쳐지는 전통 세가 공연을 볼 수 있다. 모리셔스 여행에서 빼놓을 수 없는 즐거움이니 기억해두자.

© Four seasons Resort

05 유럽과 아프리카가 뒤섞인 문화의 용광로 크레올

모리셔스 주요 도시의 버스정류장에 3분만 서 있어도, 백인, 흑인, 인도인, 동양인 등 피부색만으로는 국적을 알 수 없는 다양한 사람들을 보게 된다. 이 근사한 조화로움이 바로 크레올Creole이다. 프랑스 식민지 시절 백인과 흑인이 함께 살면서 만들어진 언어, 문화, 음식, 그리고 사람까지 포괄하는 용어가 크레올이다.

크레올어는 프랑스 식민지 시절 아프리카, 중국, 유럽에서 몰려온 이민자들이 사용하던 언어로, 프랑스어가 기반이 되었지만 프랑스어와는 단어 몇 개만 같을 뿐 완전히 다른 언어다. 현재 모리셔스의 공식어는 영어지만, 아이러니하게도 영어는 거의 사용하지 않는다. TV, 라디오, 신문 등 거의 모든 매체는 프랑스어를 쓰고, 일반 가정과 일상에서는 크레올어를 사용한다. 이처럼 모리시안은 크레올 문화를 이어가기 위해 크레올어를 사용하려고 노력한다.

음식에서도 크레올의 특징이 묻어난다. 1835년 노예 제도가 폐지된 후, 많은 인도인과 중국인들이 몰려 왔다. 프랑스와 영국 등에서 유입된 유럽의 음식, 아프리카의 음식, 여기에 인도와 중국, 말레이시아 등 아시아의 음식이 더해져 크레올만의 음식으로 탄생했다. 해산물을 넣어 만든 커리, 모리셔스식 만둣국 등 모리셔스에서는 다채로운 음식을 맛볼 수 있다.

06 무지개 빛깔 모리셔스

모리셔스를 여행하다 보면 이틀에 한 번 꼴로 손에 잡을 수 있을 듯이 선명한 무지개를 볼 수 있다. 언제 이렇게 크고 선명한 무지개를 볼 수 있을까? 모리셔스 날씨는 아침부터 뽀얀 구름과 함께 비를 흩뿌리다가 언제 그랬냐는 듯 해가 반짝거리며 변덕을 부리는데, 겨울인 6~8월이면 매일 무지개가 떠 여행이 더욱 행복하다.

모리셔스 여행을 하다 보면 다양한 문화와 피부색의 사람들이 아름답게 공존하는 모리셔스가 무지개와 꼭 닮았다는 것을 느끼게 된다. 만약 모리셔스에 비가 온다면 무지개를 기대해도 좋다.

PLANNING 03

모리셔스 드나들기

모리셔스는 직항이 없다. 싱가포르, 홍콩, 두바이 등을 경유해야 한다. 여행 초짜라면 모리셔스가 멀게 느껴질 수 있다. 하지만 차근차근 경로를 찾다 보면 어렵지 않으니 긴장하지 말자. 일단 모리셔스에 입성하면 그다음부터는 수월하다.

인천에서 모리셔스 가기

인천공항에서 모리셔스로 가는 직항은 없다. 대한항공과 에어모리셔스가 직항편을 만들기 위해 노력하고 있지만, 언제 생길지는 아직 미지수다. 모리셔스는 일반적으로 두바이나 이스탄불, 싱가포르를 경유한다. 경유지에 따라 차이가 있지만, 한국에서 모리셔스까지 총 비행시간은 환승 포함 약 20시간이다. 두바이를 경유해 가는 비행시간이 가장 짧고, 요금도 괜찮다. 항공편을 스탑오버로 예약해 두바이를 여행하는 여행자도 많다. 다만, 여행일정이 7~8일 이내로 짧다면 환승지에서의 여행은 추천하지 않는다. 모리셔스로 가는 항공료는 꽤 비싸다. 한국에서 모리셔스로 가는 항공료는 최소 160만 원 이상이다. 일정 조율이 가능하다면 싱가포르나 홍콩, 쿠알라룸푸르에서 에어모리셔스로 들어가는 방법도 있다. 인천에서 경유지인 홍콩이나 싱가포르 항공권을 예매한 후 경유지에서 에어모리셔스 티켓을 각각 발권하면 항공요금이 더 저렴하다. 시즌에 따라 에어모리셔스에서 진행하는 프로모션을 이용하면 아주 저렴하게 항공권을 득템할 수도 있다. 모리셔스에 도착하는 항공의 좌석은 선택할 수 있다면 왼쪽 창가 좌석을 추천한다. 여객기가 착륙하기 전 보이는 모리셔스 르 몽과 바다 풍경이 아주 근사하다.

모리셔스는 가기도 힘들고 항공료도 비싸다. 하지만 현지 여행 경비가 저렴하기 때문에 일주일 이상 여행하면 유럽 여행보다 적게 든다. 또 한국인 여행자가 많지 않아 혼자만 모리셔스 여행의 호사를 누리는 것 같은 즐거움도 있다. 무엇보다 모리셔스가 아니면 볼 수 없는 색다른 여행지가 많다는 게 가장 큰 매력이다.

인천~모리셔스 경유 주요 항공편

항공사	경유지	운행일	비행시간 (경유시간 포함)
튀르키예항공	이스탄불	매일	23시간
에어 모리셔스	홍콩		14시간 45분
에미레이트 항공	두바이		21시간

* 항공기 출발 시각은 변동될 수 있음

주요 항공 사이트

- **튀르키예항공** www.turkishairlines.com
- **에미레이트 항공** www.emirates.com
- **에어모리셔스** www.airmauritius.com

Tip ❶ 스톱오버 티켓 예매 방법
홈페이지에서 티켓을 발권할 때, 다구간 혹은 스톱오버로 설정해서 원하는 날짜를 조정하면 된다.

Tip ❷ 이 밖에도 파리에서 환승하는 에어프랑스, 이스탄불에서 환승하는 튀르키예항공이 있다. 그러나 비행시간만 20시간 이상 걸리므로, 프랑스와 튀르키예를 여행할 목적이 아니라면 추천하지 않는다.

공항에서 시내로 가기

공항에서 모리셔스의 각 도시로 가려면 버스, 택시 혹은 렌터카를 이용해야 한다. 여행자들은 대부분 렌터카를 이용한다. 운전하기도 편리하고, 자신이 원하는 곳을 자유롭게 여행할 수 있다. 버스는 조금 불편하다. 공항에서 모리셔스의 주요 도시를 오가는 버스도 있지만 운행 시간이 정확하지 않고, 시간도 많이 걸린다. 또한, 셔틀버스나 공항버스는 따로 없다.

렌터카

공항에서 나오면 바로 왼쪽에 렌터카 인수장이 있다. 본인이 예약한 렌터카 회사에서 바우처를 확인한 후 렌터카를 인수하면 된다. 로컬 렌터카를 예약했다면 공항 미팅 포인트에서 차를 인수해서 출발한다. 미팅 포인트는 회사마다 다르니 예약 시 확인해 둔다. 차량을 인수할 때는 보험 증서, 차의 상태, 기름 유무 등을 확인한다. 자세한 사항은 050p.

택시

모리셔스는 우버 택시가 없어 일반 택시를 이용해야 하는데, 택시비가 만만치 않다. 택시 기본 요금은 150루피. 1km에 100루피씩 미터 요금이 추가된다. 하지만, 미터 요금으로 운행하는 경우는 거의 없다. 대부분 도시마다 정해진 요금대로 운행한다. 택시는 24시간 이용할 수 있으며, 흥정할 수 있다.

공항에서 주요 도시까지 택시 요금

도시	요금	소요시간
마헤부르	800루피	10~15분
블루 베이	800루피	10분
플릭 엔 플락	2,500루피	60분
그랑 베이	2,500루피	70분
포트 루이스	2,000루피	50분
벨 마르 비치	2,600루피	70분
르 몽	2,600루피	70분

공항택시, 미니버스, 단체버스 예약 서비스

- www.mauritiustraveltours.com
- www.taxismauritius.com

버스

공항에서 주요 도시로 가는 버스는 3개 노선이 운행되고 있다. 버스 요금은 목적지에 따라 8~15루피 정도로 저렴하다. 버스는 자주 운행되지는 않지만 섬의 구석구석을 잇는다. 가려는 목적지의 노선을 확인한 후, 환승을 하면서 버스를 이용한다. 모리셔스 버스는 운행 시간이 정해져 있지만, 정확히 지켜지지 않는다. 또한, 자동차 전용 도로Motor Way가 아닌 좁은 국도로 이동하기 때문에 예상보다 늦게 도착하는 경우가 많다. 만약 버스로 이동한다면 시간을 넉넉하게 잡고 이동한다.

Tip 공항 버스정류장은 공항 주차장 중간에 있다. 출국장에서 오른쪽 방향으로 도보 5분 거리다. 마지막 비행기가 도착하는 시간보다 버스 막차 출발 시간이 더 빠르다. 버스 이용 시 버스 시간을 미리 확인하자.

공항 출발 노선별 버스 운행 정보

	9번	10번	198번
운행 구간	공항 – 마헤부르 – 큐핍	공항 – 마헤부르 – 공항 – 사바나	공항 – 로즈 벨르 – 포트 루이스
배차 간격	10분	20분	15분
운행 시간	05:20~20:00	05:30~18:00	05:10~18:10
소요 시간	60분	25분	75분

PLANNING 04

모리셔스 대중교통 완전 정복

모리셔스 대중교통은 버스와 택시가 유일하다. 버스는 180개 이상의 노선이 있어 섬의 구석구석을 이어주므로, 길게 여행하는 배낭여행자라면 버스를 타고 여행하는 것도 방법이다. 단, 버스 이용 시 여러 가지 제약이 있다는 것을 기억하자. 택시의 경우 비용이 꽤 비싸다. 렌터카를 이용하는 게 여러모로 편리하다.

버스 이용하기

모리셔스 여행자는 일반적으로 버스를 이용하지 않는다. 교통비가 저렴하다는 것 외에는 불편한 점이 많기 때문에, 모리셔스에서는 렌터카가 가장 유용한 교통수단이다. 버스를 이용해야 하는 상황이라면 반드시 버스 노선과 막차 시간을 유의해서 이용하자.

모리셔스 버스 여행 ABC

- 모리셔스 도시에 있는 버스정류장은 쉽게 알아볼 수 있지만, 도시를 벗어나면 'BUS'라고 적힌 까만색 작은 사인보드 하나가 전부다. 정류장을 찾을 때는 주변을 잘 살펴보자.
- 모리셔스 버스는 한국처럼 친절하게 몇 번이 오는지, 언제 오는지, 어디로 가는지 알려주지 않는다. 구글맵이나 버스 웹사이트를 봐도 프랑스 발음이라 정류장 이름을 알기 힘들다. 이때는 지도를 펴고 현지인에게 도움을 구하자.
- 도시에서 도시로 이동할 때를 제외하고 구석진 곳으로 이동을 할 때는 시간을 넉넉하게 잡자. 버스 사이트에 나와 있는 소요 시간이나 도착 시간, 배차 간격은 믿을 게 못 된다. 동네 작은 골목과 사탕수수밭 사이를 달리는 버스는 간혹 하염없이 기다리게 만든다. 시간적 여유를 가지고 일정을 짜자.
- 모리셔스는 밤 문화가 없는 나라다. 밤에는 길에서 사람 보기가 힘들다. 버스도 오후 6~7시가 막차인 경우가 많다. 항상 해 지기 전에 다시 숙소로 이동할 수 있도록 일정을 잡자.

'BUS STOP'이라고 적힌 사인보드. 버스 이용 시 유의하자.

■ 버스 요금은 저렴한 편이다. 목적지에 따라 20~40루피 정도 한다. 버스 요금은 착석한 후, 차장에게 목적지를 말하고 요금을 내면 된다. 노선별 버스 운행일은 각기 다르다. 일주일에 하루나 이틀만 운행하는 노선도 있다. 주말과 주중에 따라 배차 간격과 첫차, 막차 시간이 다른 노선도 있으니 막차 시간을 잘 맞춰 이용하자. 보통 오전 6시부터 저녁 6시까지 운행한다.

■ 버스는 포트 루이스에서 출발하는 노선이 가장 많다. 포트 루이스에서 마헤부르, 큐핍, 그랑 베이, 로즈 벨르, 콰트르 본, 센트럴 플락 등을 오가는 버스가 10~20분 간격으로 운행된다. 해변이나 산을 향하는 버스는 하루에 2~3회만 운행하는 것도 있다. 배차 간격을 잘 맞춰서 이동하자.

모리셔스 버스 안내 www.mauritius-buses.com

알아두면 편리한 주요 버스 노선

번호	노선	소요 시간	배차 간격
236번	포트 루이스 – 센트럴 플락 – 벨 마르 비치	95분	43분
46번	마헤부르 – 블루 베이	15분	주중 20분 / 주말 27분
198번	포트 루이스 – 공항 – 마헤부르	85분	15분
215번	포트 루이스 – 그랑 베이 직행	25분	30분
123번	포트 루이스 – 플릭 엔 플락	45분	18분
5번	콰트르 본 – 르 몽	80분	17분

택시 이용하기

모리셔스에는 아쉽게도 우버 택시가 운행되지 않는다. 일반 택시만 있다. 택시 요금은 조금 비싼 편. 또한, 관광용으로 대절해서 이용할 수도 있다. 택시 회사 사이트에서 가격을 확인 후 예약하면 된다. 택시는 24시간 이용가능하며, 도시마다 있는 택시 스탠드에서 흥정을 하는 것도 좋은 방법.

모리셔스 택시 업체

- www.mauritiustraveltours.com
- www.taxismauritius.com

모리셔스 택시 요금

구간	요금	소요 시간
동부 ··· 북부	1,500~2,200루피	70분
북부 ··· 남부	1,800~2,500루피	70분
남부 ··· 동부	2,500~3,000루피	90분
택시 대절	4,000루피 내외	8시간 기준

PLANNING 05

자유여행 VS 패키지여행

"모리셔스는 자유여행을 할 수 있나요?" 많은 사람들이 하는 질문이다. 아직까지 한국에는 신혼여행지로 유명하지만, 모리셔스는 자유여행으로 다녀와도 좋은 곳이다. 제주도 여행처럼 멋진 비치를 찾아다니고, 요트를 타보고, 우도나 마라도처럼 이웃한 섬을 다녀오고, 숲길을 걸으며 휴식하듯 여행을 즐길 수 있다. 또한, 여행 경비도 줄일 수 있고, 자유로움도 만끽할 수 있다.

자유여행

한국에선 뜨는 신혼여행지로만 알려져 있어, 리조트 위주의 여행 후기가 대부분이지만, 모리셔스는 자유여행으로 가도 좋은 곳이다. 섬의 곳곳에 관광지가 포진해 있고 치안이 좋기 때문. 모리셔스 각 지역에 멋진 비치가 즐비하고, 아프리카의 야생을 체험할 수 있으며, 이웃 섬으로 투어를 갈 수 있는 등 즐길 거리가 많다.

항공과 호텔 예약만 하면 자유여행 준비는 반 이상 끝난 것이다. 요금 비교 사이트를 이용하면 쉽다. 항공편은 스카이스캐너, 호텔은 올스테이닷컴과 에어비앤비 등을 이용하면 최저 요금을 찾을 수 있다. 사이트에서 자신이 원하는 스케줄의 항공권이나 객실이 없다면, 호텔이나 항공사 홈페이지로 직접 들어가서 찾아볼 수도 있다. 항공 요금과 예약 사이트는 223p, 호텔 요금과 예약 사이트는 224p 참조할 것.

패키지여행

대부분의 모리셔스 여행 상품은 허니문을 위한 에어텔 패키지다. 항공과 고급 리조트 숙박으로 구성되며, 4박에 250만~350만 원 정도다(1인 기준). 여기에 선택 관광과 팁 등을 추가하면 1인당 400만 원이 넘으므로, 만만치 않은 비용이 소요된다. 가족 여행이나 장기간 거주할 배낭여행자에게는 추천하지 않는다.

일반 여행자의 경우 원하는 날짜에 머물고 싶은 리조트 가격이 높거나 항공권을 구하지 못할 때 패키지여행을 이용하면 좋다. 특히, 여행 비수기인 6~8월을 노려보자. 단, 인기 익스커션은 한국 여행사에서 예약이 가능하지만 가격이 현지 여행사보다 더 비싼 편이다.

따라서, 패키지로 항공과 호텔을 예약하고 현지에서 익스커션(1일 투어)을 이용하는 것도 좋은 방법. 인기 있는 익스커션은 세프섬(일 로 세프, Île aux Cerfs) 카타마란 투어, 북섬 카타마란 투어, 돌고래와 수영하기 등으로, 현지에서 예약할 경우 저렴하게 예약할 수 있다. 능력이 된다면 스스로 예약하는 게 비용을 줄이는 방법이다. 본인의 일정과 취향, 예산에 따라 적절하게 선택한다.

PLANNING 06

한눈에 쏘옥! 지역별 여행 포인트

모리셔스는 제주도보다 약간 큰 섬이다. 섬의 끝에서 끝까지 차로 짧게는 1시간, 길게는 2시간 정도 소요된다. 각 지역별로 특징이 뚜렷한데, 남서부 지역은 관광하기 좋고 휴양을 즐기기도 좋다. 동부 지역은 바다가 아름답다. 중부 지역에는 모리셔스 최대 규모의 도시가 있다. 각 지역별로 꼭 돌아봐야 할 핵심 여행 포인트를 모아봤다.

1 그랑 베이 | 북부

그랑 베이 비치를 중심으로 북부 지역의 메인이 되는 도시다. 섬 전체에서 여행자가 가장 많이 모여드는 지역이기도 하다. 다이빙과 카타마란 등 각종 익스커션을 예약할 수 있는 여행사, 기념품을 살 수 있는 숍과 저렴한 대형 마트가 있다. 편의시설이 밀집해 있어 장기 여행자가 머물기에 좋다.

그랑 베이 비치를 시작으로 북쪽으로 여러 비치가 있어 휴양지 역할도 한다. 설탕 박물관, 히스토릭 마린, 캡 말로우 성모마리아 성당 등 모리셔스를 대표하는 관광지도 인접해 있다.

2 르 몽 | 남서부

모리셔스에서 여행할 지역을 딱 한 곳만 선택해야 한다면 르 몽과 남서부 지역이다. 르 몽은 모리셔스에서 가장 아름다운 바다와 산이 있어 고급 리조트가 줄을 잇는 곳. 르 몽 비치 북쪽에는 타마린 비치와 플릭 엔 플락 비치가 있다. 남쪽으로는 웅장한 바다를 볼 수 있는 그리 그리Gris Gris가 있다. 내륙에는 블랙 리버 고지 국립공원과 카젤라 월드 오브 어드벤처스, 샤마렐 등 모리셔스 핵심 여행지가 모여 있다.

숨 막히게 아름다운 바다와 더불어 아프리카 사자 체험, 서핑, 돌고래와 함께 하는 스노클링 등 다양한 익스커션을 경험할 수 있다. 르 몽 브라방 트레킹도 추천한다.

북부 그랑 베이 비치

남서부 카젤라 월드 오브 어드벤처스

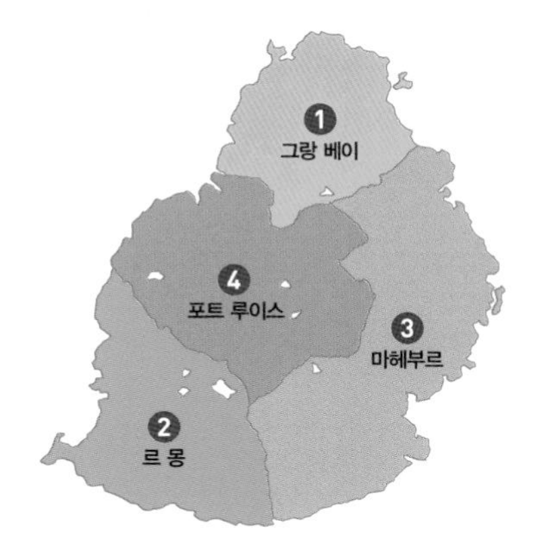

중부 포트 루이스 워터프런트

3 마헤부르 | 동부

공항이 있는 마헤부르부터 동부 바닷길을 따라 북쪽까지 이어지는 지역이다. 근사한 바다가 끊임없이 이어진다. 스노클링으로 유명한 블루 베이, 모리셔스에서 가장 예쁜 바다색을 자랑하는 벨 마르 비치 등 각기 다른 모습의 바다를 원 없이 만날 수 있다. 또, 카타마란 투어로 다녀오는 세프섬(일 로 세프, Île aux Cerfs), 자연이 만들어낸 바다의 절경 퐁 나튀렐도 있다.

다른 지역에 비해 조용하고 한적해 허니무너를 위한 럭셔리 리조트가 많다. 자이언트거북이를 볼 수 있는 바닐라 국립공원과 150년간 카사바 비스킷을 만들고 있는 카사바 비스킷 공장이 가장 유명한 관광지다.

4 포트 루이스 | 중부

포트 루이스는 모리셔스 경제 중심지로 수도이자, 현지인들의 일상을 가장 가까이에서 볼 수 있는 곳이다. 센트럴 마켓에서 기념품 구입, 거리 및 워터프런트 산책, 코단 몰 쇼핑, 유네스코 세계 문화유산으로 등재된 아프라바시 가트 Aapravasi Ghat 방문 등 관광에 중점을 두자. 포트 루이스 내 관광지를 돌아보는 데는 하루면 넉넉하다. 그 외 1830년에 지어진 아름다운 콜로니얼 하우스 메종 유레카, 중부의 황홀한 자연을 볼 수 있는 르 푸스 트레킹도 기억해두자.

동부 벨 마르 비치

중부 르 푸스 마운틴 트레킹

PLANNING 07

나만의 **모리셔스 여행 코스**

모리셔스는 휴양과 관광이 적절히 섞인 최고의 휴양지. 황홀한 모리셔스 사진을 보고 있으면 짧은 휴가가 야속할 정도다. 욕심만큼 여행할 수 있다면 더 바랄 것이 없겠지만, 일정이 짧아도 계획만 잘 짠다면 만족스러운 여행을 할 수 있다. 여행 스타일과 함께하는 여행 구성원에 따라 취향에 맞는 모리셔스 여행을 계획해보자.

여유롭게 즐기는 허니문 6박 7일 코스

모리셔스에서 달콤한 시간을 보낼 수 있는 여정이다. 고급 리조트에 머물며 꿈처럼 눈앞에 펼쳐진 바다를 마음껏 즐기자. 발바닥을 간질이는 하얀 모래밭을 산책하고, 로맨틱한 선셋을 보는 일은 선택이 아닌 필수. 돛단배를 타고 푸른 바다를 둥둥 떠다니는 카타마란 투어는 모리셔스 여행의 로망을 이루는 시간이다.

DAY 1

14:00 동부 지역 리조트 체크인

13:00 바다와 리조트 즐기기

17:00 리조트에서 와인 한잔으로 하루 마무리

DAY 2

06:30 비치에서 해돋이 감상하기

07:00 리조트 조식 즐기기

09:00 세프섬 카타마란 투어하기

16:00 리조트에서 휴식

DAY 3

11:00 벨 마르 비치부터 남쪽으로 동부 해안 도로 드라이브

13:00 150년 된 마헤부르 카사바 비스킷 공장 관람

14:00 마헤부르 워터프런트 산책한 후, 마헤부르 바자르 구경하기

15:30 푸앵트 데스니 비치에서 기념사진 찍기

16:30 블루 베이 비치에서 스노클링 후 선셋 감상

DAY 4

08:00 리조트에서 조식 먹은 후 풀장에서 휴식

14:00 플릭 엔 플락 리조트 체크인

13:00 타마린 비치에서 수영 후 선셋 보기

DAY 5

08:00 중부와 남부 지역 드라이브 여행하기

DAY 6

09:00 돌고래와 수영하기 투어 참가하기

17:00 플릭 엔 플락 비치에서 휴식 후 선셋 보기

DAY 7 귀국

6박 7일 커플 2인 **여행 예산**

럭셔리 리조트 숙박료(70만 원×6박)=420만 원

익스커션 2종 및 입장료=50만 원

식대&주유 등 잡비=50만 원

∴ 총 비용=520만 원

비치에서 휴식하기
설탕 박물관 관람하기

가족이 함께 하는 탐험 여행 7박 8일 코스

모리셔스는 휴양 여행지로 최적이다. 아이가 있어도 모두 만족할 만한 여행을 할 수 있다. 비치에서 휴식하고, 모리셔스의 웅장한 자연을 탐험하면 여행의 즐거움이 배가 된다. 단, 투어나 관광은 가족 구성원의 체력에 맞춰 배려하자. 도시 밖에는 레스토랑이 많지 않으니, 마켓에서 미리 간식거리를 준비하자.

DAY 1

13:00 마헤부르 숙소 체크인
14:00 근처 마켓에서 간식거리 구입하기
15:00 블루 베이 비치에서 스노클링과 선셋 즐기기

DAY 2

09:00 세프섬 해적선 투어하기

DAY 3

09:00 마헤부르 워터프런트 산책하기
09:30 마헤부르 바자르 구경하며 간식 먹기
11:00 마헤부르 카사바 비스킷 공장 견학하기
12:30 바닐라 국립공원에서 자이언트거북이 만나기
16:30 퐁 나튀렐에서 인증샷 찍기

DAY 4

09:00 히스토릭 마린에서 모형 범선 제작 관람
10:30 캡 말로우 비치 빨간 성당 앞에서 인증샷 찍기
11:30 팜플레무스 식물원 산책하기
13:30 설탕 박물관 다녀오기
15:30 포트 루이스 센트럴 마켓 구경하기
17:00 포트 루이스 워터프런트 산책하기

DAY 5

09:00 돌고래와 수영하기 투어 참가하기
17:00 비치에서 물놀이 후 선셋 보기

DAY 6

10:00 카젤라 월드 오브 어드벤처스에서 아프리카 동물 만나기
15:00 숙소에서 휴식하기

DAY 7

09:00 중부에서 남부까지 드라이브 여행하기

DAY 8 귀국

7박 8일 3인 가족 여행 예산

중급 호텔 숙박료(25만 원×7박)=175만 원
로컬 렌터카 대여료(3만 4천 원×7일)=24만 원
익스커션 및 액티비티 3종=65만 원
식대&주유 등 잡비=49만 원

∴ 총 비용=313만 원

모리셔스 완전 정복! 13박 14일 코스

평화롭고, 안전하고, 물가까지 저렴한 모리셔스. 허니문이나 가족 여행이 아닌, 배낭여행도 얼마든지 가능하다. 평소 혼자 여행을 즐기는 스타일이라면 볼 것 많고, 할 것 많은 모리셔스가 제격이다. 지역마다 특색이 달라 탐험하는 즐거움이 있다. 조금 아쉽지만 2주면 섬 전체를 여행할 수 있다.

DAY 1

13:00 그랑 베이 숙소 체크인
14:00 슈퍼 유에서 여행에 필요한 간식과 물건 쇼핑
15:00 그랑 베이 바자르와 타운 돌아보기
17:30 그랑 베이 비치에서 선셋 보기

DAY 2

09:00 북섬 카타마란 투어
17:00 숙소에서 쉬어가기
19:00 바나나 클럽에서 맥주 마시며 공연 관람

DAY 3

10:00 히스토릭 마린 견학하기
11:00 팜플레무스 식물원 산책하기
13:00 설탕 박물관 관람하기
15:00 트루 오 비슈 비치에서 쉬어가기
17:00 캡 말로우 비치 빨간 성당에서 사진 찍기
18:00 뱅 뵈프 비치에서 선셋 보기

DAY 4

08:00 그랑 베이 숙소 체크아웃
09:00 포트 루이스 센트럴 마켓 구경하고 알루다 마시기
10:00 포트 루이스 워터프런트 걷기
11:00 블루 페니 박물관 관람하기
13:00 플릭 엔 플락 비치 산책하기
17:00 르 몽 숙소 체크인

DAY 5

10:00 카젤라 월드 오브 어드벤처스에서 아프리카 동물 만나기
14:00 르 몽 비치에서 카이트서핑 배우기
18:00 르 몽 비치 선셋 보기

DAY 6

09:00 중부와 남부 드라이브 여행하기

DAY 7

10:00 르 몽 브라방 트레킹하기
14:00 숙소에서 휴식
16:00 타마린 비치에서 수영 후 선셋 보기

DAY 8

09:00 돌고래와 수영하기 투어 참가하기
17:00 비치에서 휴식하기

포트 루이스 센트럴 마켓 구경하기
북섬 카타마란 투어하기

블루 베이에서 스노클링 하기 / 해안따라 드라이브 즐기기 / 카사바 비스킷 공장 견학

DAY 9

10:00 르 몽 숙소 체크아웃

11:00 마헤부르 숙소 체크인

11:00 동부 해안 드라이브 즐기기

14:00 벨 마르 비치에서 유유자적 시간 보내기

DAY 10

09:00 세프섬 카타마란 투어하기

17:00 숙소에서 휴식

DAY 11

09:00 에그렛섬 생태 투어하기

13:00 블루 베이 비치와 코코스섬에서 스노클링 후 선셋 보기

DAY 12

09:00 마헤부르 바자르 구경

10:00 마헤부르 워터프런트 걷기

11:00 마헤부르 카사바 비스킷 공장 견학하기

12:30 바닐라 국립공원에서 자이언트 거북이 만나기

15:30 퐁 나튀렐에서 인증샷 찍기

DAY 13

06:30 푸앵트 데스니 비치에서 해돋이 본 후 시간 보내기

10:00 기념품 쇼핑 후 짐 챙기기

DAY 14 귀국

13박 14일 1인 여행 예산

에어비앤비 숙박료(4만 원×13박)=52만 원
익스커션 투어 4종 및 입장료=35만 원
식대&주유 등 잡비=38만 원
렌터카 대여료(3만 4천 원×13일)=44만 원

∴ 총 비용=169만 원

마헤부르 워터프런트 걷기 / 블루 베이 비치에서 선셋 보기

PLANNING 08

모리셔스 렌터카로 여행하기

모리셔스는 렌터카가 가장 유용한 교통수단이다. 천혜의 절경을 따라 드라이브를 하다 보면 영화 속 주인공이 부럽지 않다. 도로는 시원하게 잘 뚫려 있고, 렌터카 요금까지 저렴하다. 다만, 운전석이 한국과 반대라 초반에는 적응할 시간이 조금 필요하다.

렌터카 이용하기

모리셔스는 렌터카 여행을 많이 하는 곳이라 렌터카 업체가 넘쳐난다. 알라모, 허츠, 식스트, 에이비스 등 글로벌 렌터카 회사를 비롯해 로컬 렌터카 회사까지 다양하다. 글로벌 렌터카 회사의 1일 대여료는 2,000~3,000루피(약 6만 5천~10만 원) 정도다. 로컬 렌터카 회사 대여료는 훨씬 저렴하다. 1일 대여료가 보험료를 포함해도 1,500루피 이하가 많다.

글로벌 렌터카에서 대여하면 차량 상태가 더 좋고 사고 발생 시 신속하게 처리해준다는 장점이 있다. 로컬 렌터카를 이용하면 택시 이용료에 비해 훨씬 더 저렴한 가격으로 렌트카를 이용할 수 있다. 단, 로컬 렌터카 업체는 대여료가 저렴한 대신 기본 보험만 들어가 있는 경우가 많다. 차량을 대여할 때는 보험 조건을 잘 따져봐야 사고 발생 시 문제를 미리 방지할 수 있다.

렌터카 이용 ABC

❶ 렌터카 인수 시 예약자의 신용카드, 여권, 국제운전면허증은 필수다.

❷ 예약할 때 차량 기어를 수동Menual과 자동Automatic 가운데 선택할 수 있다. 한국과 달리 수동 기어 차량이 많다. 만약 수동 기어 운전에 자신이 없다면 꼭 자동 기어를 선택하자. 다만, 수동이 자동에 비해 대여료가 저렴하다. 에어컨(A/C) 유무도 선택 사항이니 확인할 것!

❸ 보험은 렌터카를 예약할 때 함께 가입한다. 자동차 보험CDW과 슈퍼 보험SCDW, 두 가지 가운데 선택할 수 있다. 자차 보험은 사고 시 일정 비용까지만 회사에서 부담한다. 슈퍼 보험은 사고 발생 시 전부를 보험 회사에서 부담한다. 회사마다 개인 부담 범위와 비용이 다르니 약관을 확인하자. 대부분의 렌터카 업체는 대여료에 보험료가 포함되어 있다. 로컬 업체에서 대여할 때는 보험 약관을 꼭 확인하자.

❹ 주유소는 도시마다 쉽게 찾아볼 수 있다. 기름값은 1리터에 55~60루피. 기름값은 어디나 동일하다. 모든 주유소에서 카드 사용이 가능하다.

❺ 유료 주차장은 포트 루이스에만 있다. 주차료는 시간당 25루피. 그 외 다른 도시는 모두 무료다.

❻ 글로벌 렌터카 업체 사무실은 공항 출국장 바로 맞은편에 위치해 있다.

❼ 로컬 렌터카는 공항 외 다른 지역에서도 인수와 반납이 가능하다. 예약할 때 호텔 위치와 픽업 유무를 확인하자.

모리셔스 인기 로컬 렌터카 업체

Data 마키 렌탈 Maki Rental

주소 Royal Road 363 Pointe aux Canonniers
전화 +230-5250-1260
홈페이지 www.maki-car-rental.com
대여료(1일 기준) (3일 이상만 예약 가능) 소형차 3일 이상 27유로, 중형차 3일 이상 35유로
대여 및 반납 공항, 모리셔스 각지의 호텔 인수와 반납 무료
자격 만 21세 이상 가능

Data AKD 로케이션 보이처 AKD Location Voiture

주소 Indeenarain Street, St Francois, Calodyne 42602, Mauritius
전화 +230-5765-3281
홈페이지 www.akd-locationvoiture.com
대여료(1일 기준) 소형차 1~6일 29유로, 7~14일 24유로, 15일~ 20유로 / 중형차 1~6일 40유로, 7~14일 35유로, 15일~ 32유로
대여 및 반납 공항, 모리셔스 각지의 호텔 인수와 반납 무료
기타 베이비 카시트·추가 운전자 무료, 풀 커버 보험

Tip 카 플렉시

렌터카 가격 비교&예약 사이트. 로컬 업체와 글로벌 업체 모두 가격 비교 후 예약할 수 있다. 인수 48시간 전까지 무료로 스케줄 변경 혹은 취소가 가능하다는 것이 장점. 기본 대여료 안에 도난 보험, 24시간 출동 서비스와 세금이 포함되어 있다. 만 30세 이하, 65세 이상 운전자는 추가 요금이 있다.

Data 홈페이지 www.carflexi.com

한국어 지원 렌터카 업체

- **알라모** www.alamo.co.kr
- **허츠** www.hertz.co.kr

모리셔스 운전 요령

지역 간 이동은 모터웨이를 이용하자

모리셔스는 지역별로 이어주는 자동차 전용 도로Motor Way가 잘 정비되어 있다. 공항에서 섬 중앙을 가로질러 포트 루이스까지 이어주는 M1과 M2, 르 푸스 마운틴과 롱 마운틴을 둘러가는 M3 등 3개의 자동차 전용 도로를 잘 활용하면 지역별 이동이 수월하다. 그 외의 길도 대부분 포장도로라 운전이 힘들지 않다.

회전형 교차로는 진입한 차량이 우선이다

모리셔스에는 신호등보다는 회전형 교차로가 많다. 교차로에 진입 전 정차한 후 우측에 차가 없는 경우에만 진입한다. 일단 교차로 안으로 차량이 진입했다면 무조건 먼저 진입한 차량이 우선이다.

모터바이크는 가까운 곳에 갈 경우에만 대여하자

모리셔스 섬 전체를 여행한다면 모터바이크는 추천하지 않는다. 섬이 커서 바이크로 여행하기에는 무리가 있다. 머무는 곳에서 가까운 여행지를 다닐 때만 이용하자. 바이크 대여는 보통 1일 600루피 정도 한다. 그랑 베이, 마헤부르, 플릭 엔 플락 등 도시마다 작은 바이크숍이 있다.

내비게이션은 지명이나 명칭으로 검색하자

모리셔스는 번지 없이 도로명에서 끝나는 주소가 대부분이다. 구글 내비게이션에 주소보다는 갈 곳의 명칭을 찍으면 정확한 위치로 안내한다.

PLANNING 09

드라이브로 즐기는 **뷰포인트 베스트 5**

모리셔스는 특별히 아름다운 섬이다. 보이는 곳마다 사진에 담고 싶은 풍경이 기다리고 있다. 일부러 다리품을 팔지 않아도 된다. 모리셔스에서 드라이브 여행을 해야 하는 이유다. 열 보 이상 승차를 외치는 무체력 소유자에게는 희소식이다. 드라이브로 즐기는 뷰포인트만 둘러봐도 만족스러운 하루가 될 것이다.

01 고지 뷰포인트 Gorges Viewpoint

블랙 리버 고지 국립공원 안에 있는 뷰포인트. 울창하고 거대한 모리셔스의 밀림을 만날 수 있다. 맑은 날이면 깊은 계곡을 가로질러 파란 바다가 반짝이는 모습이 아름답다. 산꼭대기까지 도로가 잘 나 있어 차로 가기 쉽다. 또 블랙 리버 고지 국립공원 트레킹 코스 입구와 가까워 항상 사람들이 붐빈다. 남서부 드라이브의 필수 코스. 24시간 개방. ▸ 141p

Tip 고지 뷰포인트, 알렉산드라 폴스 룩아웃 포인트, 르 몽 타마린 뷰포인트 세 곳의 전망대는 블랙 리버 고지 국립공원 안에 있다. 하루 일정으로 세 곳을 둘러보면 된다.

02 알렉산드라 폴스 룩아웃 포인트

Alexandra Falls Lookout Point

고지 뷰포인트에서 약 5분 거리에 있다. 고지 뷰포인트보다 전망대 위치는 좀 낮지만 전망이 좋다. 근사한 알렉산드라 폭포가 있어 피크닉 장소로도 사랑받고 있다. 고지 뷰포인트와 함께 둘러보기 좋다. 24시간 개방. ▸ 141p

03 르 몽&타마린 뷰포인트

Le Morne&Tamarin Viewpoint

샤마렐 근처에 위치한 뷰포인트. 이름처럼 르 몽과 타마린이 펼쳐진 광경을 볼 수 있다. 전망대는 유심히 안 보면 그냥 지나칠 만큼 작다. 하지만, 모리셔스의 전망대 중에서 가장 근사한 조망을 선사한다. 특히 해 질 무렵이 아름답다. 24시간 개방. ▸ 141p

04 시타델 Citadel

포트 루이스에 위치한 요새로 16세기에 지어진 건물이다. 지금은 관광객들에게 무료로 개방해 도심 전망대 역할을 하고 있다. 포트 루이스 시내와 워터프런트, 뒤쪽으로는 경마장과 르 푸스 마운틴이 한눈에 들어온다. 입장료 50루피. ▸ 205p

Data **관람 시간** 월~금요일 09:00~16:00, 토 09:00~13:00(일요일 휴무)

05 마콘데 Macondé

서부에서 남부로 들어서는 해안도로에 위치한 전망대. 바다 앞에 있는 낮은 전망대이지만, 둥글게 굽이진 특이한 지형과 바다의 풍경이 꽤 근사하다. 끝없이 펼쳐진 인도양에서 불어오는 바닷바람의 달콤한 향기를 느껴보자. 24시간 개방. ▸ 149p

PLANNING 10

잊을 수 없는 모리셔스 **익스커션 베스트 4**

모리셔스를 더 즐기고, 더 많은 것을 보고 싶다면 현지에서 진행하는 당일치기 투어, 익스커션을 이용해 보자. 모리셔스는 다른 휴양지에 비해 비용은 저렴하면서 퀄리티 높은 익스커션이 많다. 카타마란을 타고 유유자적 망중한을 즐기고, 돌고래에 둘러싸여 수영을 즐기거나, 생애 첫 헬리콥터 타기에도 도전할 수 있다. 스노클링은 기본. 카이트서핑 같은 해양 레포츠도 할 수 있다. 모리셔스에서는 무엇을 해도 행복하다. 취향대로 골라 즐겨보자.

말로는 표현할 수 없는 아름다운 섬

세프섬(일 로 세프) 카타마란 투어 Île aux Cerfs Catamaran Cruise

사슴섬Deer Island이란 뜻을 가진 세프섬은 동부 트루 도 두스Trou d'Eau Douce 지역에 위치한 작은 섬이다. 모리셔스에서 바다 빛이 가장 아름다운 섬으로 알려져 모리셔스 관광의 필수 코스가 됐다. 세프섬에서는 스노클링, 패러세일링, 수상스키 등 각종 해양 레포츠를 즐길 수 있다. 섬에서 열대림을 산책하거나 세 곳의 레스토랑에서 식사를 할 수 있다.

이 섬에 갈 수 있는 방법은 트루 도 두스 보트 선착장에서 스피드 보트(왕복 1,000루피)를 이용하거나 카타마란, 혹은 해적선 투어를 이용하는 방법이 있다. 세프섬 카타마란 투어에서는 고급 식사와 술을 무제한 제공한다. 요금은 2,400~2,800루피(종일 기준).

해적선 투어 Pirate Boat Cruise

가격 대비 최고의 투어를 즐기는 방법이다. 카타마란 스피드 보트를 타고 세프섬으로 간다. 섬에서는 자유 시간이 긴 편이다. 자유 시간 후 해적선에 탑승해서는 바비큐 뷔페와 럼주를 무제한으로 즐길 수 있다. 모리셔스 전통 세가 공연도 한다. 요금은 1,500루피.

카타마란과 해적선 투어의 일정은 비슷하다. 보통 오전 8~9시에 투어를 시작해 6~7시간 동안 진행된다. 투어에 식사와 음료, 주류 등이 포함된다. 픽업 여부는 예약하는 여행사의 위치나 여행자가 묵는 숙소에 따라 달라진다. 또, 출발하는 선착장 위치에 따라 투어 요금과 세일링 시간도 차이가 난다.

선상에서 펼쳐지는 전통 세가 공연

황홀한 장면이 눈앞에 펼쳐지는

돌고래와 수영하기 Swimming with Dolphins

매일 아침, 모리셔스 남서부 타마린 비치에는 돌고래 떼가 출몰한다. 타마린에 서식하는 돌고래는 큰돌고래 Bottlenose Dolphin, 긴부리돌고래Spinner Dolphin 2종이다. 아침마다 작은 물고기를 잡아먹기 위해 수심이 깊은 타마린 비치로 몰려오는데, 이때 돌고래와 함께 수영하기 투어가 진행된다.

투어에 참가하면 보트를 타고 돌고래를 쫓아가다가 선장이 지시하면 바다로 뛰어든다. 타이밍이 맞으면 먹이를 찾아 나선 수백 마리의 돌고래가 눈앞을 지나가는 황홀한 광경을 볼 수 있다. 단언컨대, 인생의 명장면으로 남을 것이니 기대해도 좋다.

Tip 돌고래와 수영하기 투어는 몇 가지가 있다. 돌고래만 보고 오는 짧은 투어가 있고, 초승달 모양의 베니티에섬Benitiers Island, 크리스탈 록Crystal Rock을 거쳐가며 스노클링 하고 식사가 포함된 긴 투어도 있다. 요금은 짧은 투어가 29유로, 긴 투어가 39유로 정도다. 조금 길게 바다에 머물고 싶다면 긴 투어를 추천한다. 어느 투어를 선택해도 가성비가 좋다. 예약하는 곳에 따라 픽업 차량 이동 시간과 보트 타는 시간이 다르다. 남서부의 플릭 엔 플락과 타마린에서 출발하는 투어가 보트 타는 시간이 가장 짧다. 임산부, 노약자는 투어를 할 수 없지만, 돌고래 카타마란 투어는 가능하다.

강렬한 모리셔스 여행의 기억

헬리콥터 투어 Helicopter Tour

모리셔스 헬리콥터 투어는 모리셔스를 대표하는 장엄한 자연과 르 몽 앞바다의 수중 폭포Underwater Waterfall를 볼 수 있어 인기가 매우 높다. 일생 동안 한 번 헬리콥터 투어를 할 수 있다면 모리셔스를 선택해도 될 만큼 르 몽 수중 폭포는 장관이다. 헬리콥터 투어는 최대 4인까지 탑승할 수 있는 프라이빗 헬리콥터를 이용한다. 남부, 동부, 북부 등 투어 지역과 비행시간을 선택할 수 있는데, 남서부의 르 몽은 모든 투어에 포함되어 있다.

르 몽의 수중 폭포는 물론 바람에 넘실거리는 사탕수수밭도 장관이다. 헬리콥터 투어는 다른 익스커션에 비해 비용이 월등히 높다는 점을 감안하자. 하지만, 모리셔스 여행에서 가장 강렬한 인상을 남긴다.

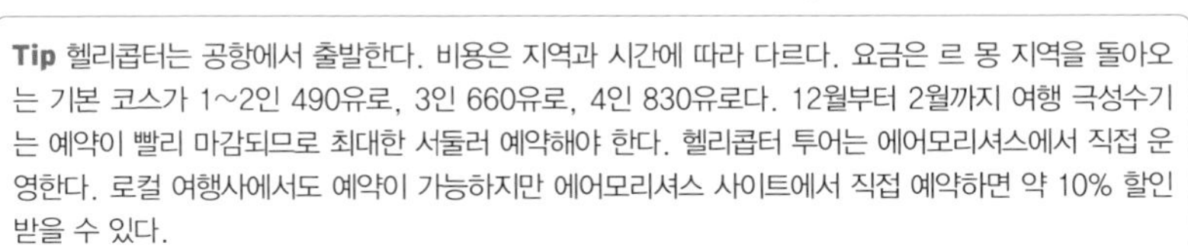

Tip 헬리콥터는 공항에서 출발한다. 비용은 지역과 시간에 따라 다르다. 요금은 르 몽 지역을 돌아오는 기본 코스가 1~2인 490유로, 3인 660유로, 4인 830유로다. 12월부터 2월까지 여행 극성수기는 예약이 빨리 마감되므로 최대한 서둘러 예약해야 한다. 헬리콥터 투어는 에어모리셔스에서 직접 운영한다. 로컬 여행사에서도 예약이 가능하지만 에어모리셔스 사이트에서 직접 예약하면 약 10% 할인받을 수 있다.

에어모리셔스 헬기투어 예약 www.airmauritius.com

인도양을 주름잡던 해적처럼 바다를 누비자

북섬 카타마란 투어 Catamaran Cruise

북섬 카타마란 투어는 카타마란을 타고 모리셔스 북쪽에 모여 있는 몇 개의 섬을 다녀오는 투어다. 3섬 투어, 5섬 투어가 있는데, 대부분 가브리엘섬Gabriel Island과 플랫섬Flat Island에 들러 스노클링을 하고 점심을 먹은 후 돌아오는 일정이다. 플랫섬은 과거 프랑스 배가 난파되면서 유일하게 살아남은 생존자가 구조를 기다리며 살았던, 〈로빈슨 크루소〉 같은 이야기가 있는 섬이다. 가브리엘섬은 식물이 살지 않는 섬으로 알려져 있다. 플랫섬과 가브리엘섬, 두 섬의 거리는 750m로 아주 가깝고, 세프섬 못지 않은 투명하고 맑은 바다를 볼 수 있다. 세프섬보다 산호초가 많아 스노클링을 좋아한다면 북섬 투어를 추천한다.

Tip 북섬 카타마란 투어는 그랑 베이에서 출발한다. 플랫섬까지는 약 1시간 반 정도 걸린다. 투어에 참가하면 스노클링 장비와 구명조끼, 식사와 술을 무제한으로 제공한다. 전체 투어 시간은 약 7시간, 비용은 1,500~1800루피다. 예약 및 여행사 안내는 112p 참조.

SPECIAL TIPS

모리셔스 익스커션 예약 잘하기

모리셔스 익스커션은 하나도 빼놓지 않고 참가하고 싶을 만큼 매력적이지만, 그만큼 가격도 비싸다. 예약을 잘해야 아낄 수 있다. 또한, 투어를 진행하는 곳과 숙소의 위치가 다르면 생각보다 불편할 수 있으므로 예약 시 잘 살펴보자.

익스커션 예약 시 주의사항

한국 여행사에서 패키지 옵션 투어로 예약하는 방법과 현지 업체에 개인적으로 예약하는 방법이 있다. 투어는 큰 차이가 없지만, 예약 방법에 따라 비용 차이가 크다. 한국 여행사에서 패키지 옵션 투어로 예약하면 비싸다. 현지에서 직접 예약하는 게 가장 저렴하다. 단, 숙소 위치를 고려하지 않고 예약하면 불편이 따를 수 있다.

그랑 베이 여행사에서 직접 예약하기

그랑 베이는 모리셔스에서 여행자가 가장 많이 몰리는 곳이라 여행사가 많아 익스커션 선택의 폭도 넓다. 여러 개의 익스커션을 예약하면 약간의 할인도 가능하다. 섬의 모든 곳에서 진행하는 투어를 이곳에서 예약할 수 있다. 그랑 베이에 숙박한다면 픽업도 가능하며, 가격도 그랑 베이가 가장 저렴하다. 익스커션을 하는 동안은 그랑 베이에 숙소를 잡는 것이 좋다.

인터넷으로 예약하기

그랑 베이에 있는 여행사를 직접 찾아가는 것보다 약간 더 비싸다. 그래도 여행 기간이 짧다면 인터넷으로 미리 예약하는 게 좋다. 다만, 픽업 비용을 따로 지불해야만 픽업 서비스를 받을 수 있다. 문제는 픽업 비용이 차량 렌트 비용보다 비싸다는 것! 보통 4인 왕복 픽업료가 70유로 정도다. 인터넷으로 익스커션을 예약한다면 렌터카를 이용하는 것도 좋은 방법이다.

모리셔스 익스커션 사이트

Data Mauritius Attractions(그랑 베이, 북부)
주소 Suite 206, Grand Baie Business Park, B13, Grand Baie
전화 +230-269-1000
홈페이지 www.mauritiusattractions.com

Data Belle Mare Tours(벨 마르, 동부)
주소 Royal Rd, Belle Mare
전화 +230-415-2742
홈페이지 www.visitemaurice.com

Data Catamaran Cruise(마헤부르, 동부)
주소 Pointe d'Esny Mahébourg
전화 +230-5728-3030
홈페이지 www.catamarancruisesmauritius.com

한국에서 패키지 옵션으로 예약하기

패키지여행 옵션으로 예약하는 방법이 가장 편하다. 예약부터 픽업, 드롭까지 여행사가 알아서 해준다. 다만, 가격이 비싸다. 현지에서 예약하는 것보다 선택의 폭도 적다. 여행 준비 기간이 짧고, 비용에 크게 신경 쓰지 않는 스타일이라면 이 방법이 좋은 선택이다.

예약하지 않은 채 짧은 여정으로 왔다면?

동서남북이 바다인 모리셔스는 다양한 투어가 있다. 짧은 일정의 선셋 카타마란부터 온종일 진행하는 올데이 카타마란 등 시간과 비용에 맞춰 준비되어 있다. 예약을 하지 않고 짧은 일정으로 여행을 왔다고 해도 실망할 필요는 없다. 머무는 지역의 여행사를 눈여겨보자. 일정과 비용, 카타마란 종류 등 상황에 맞는 투어를 찾을 수 있다. 플릭 엔 플락, 그랑 베이, 르 몽에는 20~30유로로 즐길 수 있는 선셋 투어도 많다.

PLANNING 11

모리셔스라서 더 즐거운 **액티비티!**

모리셔스는 한적한 비치에서 완벽한 휴식을 취할 수 있는 휴양지일 뿐 아니라, 심장이 뛰는 다양한 액티비티를 즐길 수 있는 섬이다. 트레킹, 캐녀닝, 서핑, 스노클링, 카이트서핑, 다이빙, 카야킹 등 바다와 산, 계곡에서 즐길 수 있는 무궁무진한 액티비티가 있다. 체력만 된다면 매일 다른 것을 즐겨도 한 달이 모자란다.

르 몽의 바다와 하늘을 가득 채우는

카이트서핑 Kite Surfing

카이트서핑은 파도가 없는 곳에서도 서핑을 하고 싶은 서퍼들을 위해 개발된 익스트림 수상 레포츠로, 바람만 있으면 바다 위에서 서핑을 할 수 있다. 대형 카이트를 공중에 띄우고, 이 카이트를 보드와 연결해 바람의 힘에 따라 물 위를 내달리는 방식이다. 바다 위를 날아오르는 기분을 느끼고 싶다면 도전해보자. 모리셔스의 바다는 일 년 내내 투명하고 따뜻해 더욱 추천한다.

모리셔스는 카이트서핑의 성지로 알려져 많은 유러피언들이 찾는다. 모리셔스 카이트서핑의 메카는 르 몽 비치. 카이트서핑을 즐기기 좋은 계절은 겨울에 해당하는 6~8월이다.

카이트서핑 투어 업체

Data Hang Loose Tours

주소 Le Morne Brabant
전화 +230-5745-9745
운영 시간 08:00~17:00
홈페이지 www.hangloosetours.com

Data Pryde Club

주소 Pryde Club, Hotel LUX, Le Morne
전화 +230-5989-1060
운영 시간 08:30~17:00
홈페이지 www.prydeclub.com

Tip 카이트서핑 강습

레벨에 따라 가격이 다르다. 초보자는 강습이 까다롭기 때문에 더 비싸다. 2시간에 5,000루피 정도 한다. 강습은 3명 그룹 단위로 진행된다. 인터넷 예약이 가능하고, 르 몽 비치에 가서 상담 후 예약해도 된다.

트레킹 Trekking

모리셔스에서 가장 추천하고 싶은 액티비티는 트레킹이다. 산을 그다지 좋아하지 않는 여행자에게도 추천한다. 모리셔스는 바다가 전부인 것 같지만, 가벼운 하이킹부터 험한 절벽을 오르는 트레킹까지 다양한 코스가 있다. 또한, 모리셔스의 산은 높이가 낮아 가벼운 마음으로 즐길 수 있다. 가장 높은 블랙 리버 피크Black River Peak 높이가 828m다. 3~4시간이면 트레킹을 마칠 수 있다.

대부분의 트레킹 코스가 숨 막히는 풍경들을 품고 있다. 한 번 오르는 것만으로 성에 차지 않을 정도다. 다만, 트레킹 안내는 부실한 편이다. 한국처럼 자세한 이정표가 없고, 트레킹 코스도 길이 안 닦인 곳이 많으니 주의하자. 모든 트레킹 코스는 무료입장에 셀프 트레킹이 가능하지만, 그룹을 지어 움직이는 것이 좋다. 모리셔스에는 그룹 가이드 트레킹 투어가 많다. 셀프 트레킹이 익숙하지 않다면 그룹 투어를 추천한다. 가이드 트레킹 투어는 코스에 따라 1,200~1,800루피다.

인기 트레킹 코스 3

01 르 푸스 Le Pouce

높이 812m 거리 4.3km 소요 시간 3~4시간 난이도 초중급

'엄지손가락'이라는 뜻의 르 푸스Le Pouce는 오르는 수고에 비해 가장 멋진 풍경을 볼 수 있는 곳. 정상에 다다르기 직전만 조금 가파른 편이고, 나머지 구간은 무난하다. 정상의 전망대에 서면 360도 파노라마 조망을 즐길 수 있다. 특히, 북서쪽 조망이 아름답다. 모카Moka 지역 B47번 도로Bois Chéri RD에 트레킹 입구 간판이 있다. 차는 사탕수수밭 사이에 주차해야 한다. 주차 시, 차 안에 있는 물건이 도난당할 수 있으니 주의할 것!

02 르 몽 브라방 Le Morne Brabant

높이 490m 거리 7km 소요 시간 3~4시간 난이도 중급

등산 경험이 있는 여행자에게 추천한다. 정상에 서면 르 몽의 수중 폭포가 내려다보인다. 이 황홀한 경치를 보면 흘린 땀이 전혀 아깝지가 않다. 전체 트레일의 2/3는 동네 산길을 산책하는 수준이지만, 정상에 도달하기 전 약 20분은 암벽을 오르는 구간으로 난이도가 있는 편. 어린아이를 동반하거나 운동화가 없다면 중간의 뷰포인트까지만 간다. 르 몽 트레일 초입은 내비게이션에 'Le Morne trail entrance'로 검색하면 된다. 주차장 무료.

03 블랙 리버 피크 Black River Peak

높이 828m 거리 6km 소요 시간 3~4시간 난이도 초중급

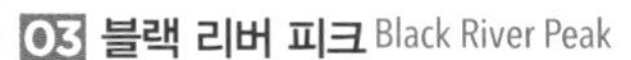

블랙 리버 고지 국립공원 안에는 다양한 트레킹 코스가 있다. 산 아래부터 오르는 고급 코스와 고지 뷰포인트(678m)에서 시작하는 초중급자 코스가 있다. 오르는 동안 밀림과 폭포 등 다이내믹한 풍경을 볼 수 있다. 고지 뷰포인트에서 약 300m 거리에 트레일 입구가 있다. 고지 뷰포인트에 무료 주차 가능.

Tip 모리셔스 트레킹 가이드 투어 업체

Data Yanature
전화 +230-5251-4050
홈페이지 www.trekkingmauritius.com

Data Explorers Mauritius
전화 +230-5258-4141
홈페이지 explorersmauritius.com

한 번 빠지면 헤어 나오기 힘든

서핑 Surfing

요즘 한국에서도 열풍인 서핑은, 모리셔스에서는 1970년대부터 인기를 끌었다. 인기 있는 시즌은 모리셔스의 여름인 9월부터 5월까지다. 주로 남서쪽 타마린 비치와 르 몽 비치에 서퍼들이 몰리는데, 대부분 초중급자들이 바다를 차지하고 있다. 발리나 하와이처럼 파도가 일정하지 않고, 파도도 약한 편이라 상급자에게는 재미가 덜하다는 게 알려지면서 인기도 조금 시들해졌다. 하지만 서핑을 처음 배우는 초급자와 어느 정도 혼자 즐길 수 있게 된 중급 서퍼에게는 최적의 장소다. 그래서 서핑 스쿨도 많고, 서핑 여행지로도 인기다.

서핑이 조금 망설여진다면 서프보드 위에 서서 카약처럼 노를 저어 움직이는 스탠드 업 패들보드Stand up Paddle Board를 배워보는 것도 좋다. 배우기 쉽고, 체력 소모도 적어 여자들도 바로 즐길 수 있다. 밀려오는 파도 위에 보드와 함께 몸을 싣는 쾌감, 모리셔스에서 꼭 한번 느껴보자. 서핑 강습은 2시간에 2,000~2,500루피 정도. 강습은 3~5명씩 그룹을 지어 진행한다. 르 몽의 서핑 스쿨은 대부분 카이트 서핑 스쿨과 함께 운영한다.

Are You Ready?!

스카이다이빙 Sky Diving

아드레날린이 마구 쏟아지는 짜릿함을 찾는다면 스카이다이빙이 최고다. 모리셔스 스카이다이빙은 섬 동부와 남부에서 진행한다. 산과 바다로 둘러싸인 비행장에 도착하면 스카이다이빙을 준비하는 스태프들이 눈에 띈다.

경비행기를 타고 약 20분간 1만 피트(3,050m) 상공으로 올라가는데, 하늘로 올라갈 때부터 보이는 경관이 장관이다. 낙하지점에 도착해 경비행기가 멈춰선 후, 등 뒤에 붙어 있는 다이버가 3, 2, 1을 외치면 순식간에 낙하를 시작한다. 두려움은 잠깐 뿐, 곧이어 세상 최고의 짜릿함이 몰려온다. 약 30초간 자유낙하를 하는 동안 믿을 수 없는 기쁨을 맛볼 수 있다.

스카이다이빙 투어 업체

Data Skydive Mauritius
주소 Belle Vue Maurel, Mauritius
전화 +230-5499-5551
운영 시간 09:00~17:00
휴무 일요일
요금 1만 피트 1만 4,000루피
영상 4,000루피,
영상+사진 5,500루피
홈페이지 www.skydivemauritius.com

이것은 신세계! 바닷속 탐험

스쿠버다이빙 Scuba Diving

스쿠버다이빙은 스쿠버 장비를 메고 수심 약 30m까지 잠수하며 즐기는 레포츠다. 물론 수심 30m까지 내려가는 것은 자격증이 있는 사람만 할 수 있다. 그럼 자격증이 없다면? 얕은 바다에서 강사와 함께 바다를 보고 나오는 체험 다이빙을 할 수 있다.

다이빙 맛을 알게 되면 바닷속은 그야말로 신세계. 바닷속에서 숨을 쉬는 것도, 처음 보는 깊은 바다도 매력적이다. 특히, 모리셔스는 인도양 최고의 다이빙 포인트로 선정될 만큼 볼거리가 다양하다. 보존이 잘 된 산호초는 물론, 동굴이 있으며, 혹등고래를 비롯한 430종 이상의 해양생물이 살고 있어 다이빙을 통해 볼 수 있다. 조류가 세지 않고, 얕은 라군을 형성하고 있어 초보 다이버에게도 좋은 환경을 제공한다. 폭풍이 잦은 2~3월, 파도가 세고 기온이 낮은 7~8월은 다이빙하기 어려운 계절이니 참고할 것. 요금은 자격증 소지자의 경우 1회에 1,500~1,800루피, 체험 다이빙은 2,600루피 정도다. 오픈 워터 자격증 코스는 11,000루피 정도다.

모리셔스의 지역별 다이빙 센터

Data Pro Dive Mauritius(북부)
주소 Casuarina Resort&Spa Trou aux Biches
전화 +230-265-6213
운영 시간 8:30~10:30, 10:30~12:30
휴무 일요일
홈페이지 www.prodivemauritius.com

Data Ocean Spirit Diving Center(북부)
주소 Coastal Rd Pereybere 30546
전화 +230-263-4468
운영 시간 월~토 08:00~16:30, 일 08:00~13:30
홈페이지 www.osdiving.com

Data Ticabo Diving Center(서부)
주소 Royal Rd, Flic en Flac
전화 +230-453-5209
운영 시간 08:00~16:00
홈페이지 www.dive-ticabo.com

Data Coral Diving(동부)
주소 Preskil Beach Resort, Blue Bay, Mahébourg
전화 +230-5498-1356
운영 시간 08:00~16:00
홈페이지 www.coraldiving.com

바다를 탐험하는 획기적인 발명품

시밥 Seabob

시밥은 독일에서 발명된 수중 레포츠 기구로, 물속에서 시속 20km로 질주한다. 수심 2.5m까지 잠수도 가능하다. 바다를 탐험하는 획기적이고 새로운 방법으로 인기가 많은 해양 레포츠로 떠오르고 있다. 또한, 간단한 작동법만 익히면 누구나 혼자서 즐길 수 있다. 스노클링 경험이 있는 사람이라면 손쉽게 즐길 수 있는 새로운 해양 레포츠다.

마치 첩보 영화에서나 볼 법한 모양으로, 전기 시스템을 이용해 추진력을 얻는 시밥은 시동을 켜도 조용해서 무동력 기구처럼 느껴진다. 그렇지만 물속을 달릴 때는 인간 돌고래가 된 듯 민첩하게 움직인다. 이런 특징 때문에 경험자들에게는 만점에 가까운 평점을 받고 있다.

시밥을 즐기려면 수심이 제법 되는 곳으로 나가야 한다. 보통 그랑 베이에서 20분 정도 보트를 타고 나가 진행한다. 모리셔스에서 새로운 경험을 해보고 싶다면 시밥에 도전해보자. 요금은 시간에 따라 다르다. 15분에 1,800루피, 30분에 3,000루피다.

시밥 투어 업체

Data Seabob Mauritius

주소 Sunset Blv. Grand Baie

전화 +230-5444-6464

운영 시간 09:30~17:30

휴무 일요일

요금 30분 3,000루피, 40분 3,500루피

홈페이지 www.seabob.mu

깊은 협곡을 탐닉하는 방법

캐녀닝 Canyoning

계곡을 몸으로 체험하는 레포츠인 캐녀닝은 하이킹, 계곡 점핑, 암벽 타기, 수영 등 다양한 방법을 통해 자연을 느끼는 레포츠 종합 선물 세트 같다. 모리셔스에서 캐녀닝 대상지로 가장 인기 있는 곳은 아름다운 트레킹 코스로도 유명한 타마린 폭포Tamarin Waterfalls.

타마린 폭포 캐녀닝은 반나절 투어로, 4시간 반 가량 진행된다. 캐녀닝은 전문적인 지식을 갖춘 가이드가 함께 하며 헬멧과 구명조끼, 배낭 등의 장비와 간식이 제공된다. 캐녀닝 투어에 나설 때는 젖어도 되는 편한 복장에 운동화를 착용하는 게 좋다. 만 10세 이상부터 참여 가능하다. 폭포를 뛰어넘고 울창한 밀림을 걷는 아찔한 경험. 모리셔스의 짜릿한 대자연을 모두 경험할 수 있는 해양 레포츠를 찾는다면 캐녀닝을 추천한다.

캐녀닝 투어 업체

Data Mauritius Attractions
주소 Suite 206, Grand Baie Business Park, B13, Grand Baie
전화 +230-269-1000
요금 3,800루피
홈페이지 www.mauritiusattractions.com

친구들과 함께 모리셔스의 자연을 만나는 시간

카야킹 Kayaking

경이로운 자연을 즐기는 데 카약만큼 좋은 게 없다. 모리셔스에서 인기 있는 카야킹 지역은 북동부에 있는 앙브르섬Île d'Ambre과 중부에 있는 알비옹Albion이다. 투어로 진행되는 그룹 카야킹으로 갈 수 있다.

두 곳 모두 특별한 지형과 생태를 가지고 있는데, 앙브르섬에서는 맹그로브 군락을 돌아본 후 섬에서 피크닉과 수영을 즐긴다. 무난한 일정이라 초보자에게 추천한다. 알비옹 지역에서 즐기는 카야킹은 조금 난이도가 있다. 8개의 동굴을 탐험하는 7km 코스를 5시간 안에 완주해야 한다. 코스가 조금 험난하고, 1인 카약을 타야 해서 유경험자에게 추천한다. 알비옹 코스는 바다 절벽과 몽환적인 동굴을 드나들며 모리셔스의 자연환경을 색다른 각도로 관찰할 수 있다.

카야킹 투어 업체

Data Yemaya Adventures
주소 Grand Gaube, Mauritius
전화 +230-5752-0046
운영 시간 08:30~17:00
요금 Full Day 3,500루피, 5시간 2,000루피, 3시간 1,500루피
홈페이지 www.yemayaadventures.com

PLANNING 12

모리셔스 숙소 타입별 추천

모리셔스에는 리조트만 있는 게 아니다. 세계 각국의 여행자들이 모여드는 만큼 다양한 종류와 가격대의 숙소가 많아, 여행 스타일과 예산에 맞는 숙소를 찾아 머물면 된다. 허니무너라면 당연히 최고의 리조트에서 머물 것을 추천한다. 배낭여행자라면 저렴한 게스트하우스에 머물며 세계의 여행자들과 만나보자. 에어비앤비도 추천한다.

관광도 휴양도 다 좋은 중급 호텔

관광도 즐기고 휴양도 즐기고 싶은 여행자라면 중급 호텔도 좋다. 관광업이 주를 이루는 모리셔스는 숙소 경쟁이 치열하다. 찾아보면 좋은 가격에 더 좋은 서비스를 제공하는 호텔이 쏟아진다. 중급 호텔을 찾을 때는 휴양을 위한 호텔의 부대시설과 관광을 다니기에 적절한 위치까지 고려해서 선택한다.

추천 중급 호텔 BEST 6

시포인트 부티크 호텔
Seapoint Boutique Hotel

한 줄 평 세련된 부티크 호텔
등급 ★★★★
위치 북부, Pointe aux Cannoniers
홈페이지 www.seapointboutiquehotel.com
참조 125p

타마리나 골프&스파 부티크 호텔
Tamarina Golf&Spa Boutique Hotel

한 줄 평 액티비티가 가득한 곳
등급 ★★★★
위치 남서부, Tamarin
홈페이지 tamarina.mu
참조 159p

프라이데이 애티튜드 Friday Attitude

한 줄 평 저렴한 올 인클루시브
등급 ★★★★
위치 동부, Trou d'Eau Douce
홈페이지 hotels-attitude.com/en/friday-attitude
참조 190p

호텔 리우 르 몽 Hotel Riu Le Morne

한 줄 평 가성비 최고의 호텔
등급 ★★★★ 위치 남서부, Le Morne
홈페이지 www.riu.com
참조 159p

버블 롯지 부아 셰리 Bubble Lodge Bois Chéri

한 줄 평 어린 시절 동심을 깨우는 호텔
등급 ★★★★ 위치 남서부, Bois Chéri
홈페이지 www.bubble-lodge.com
참조 160p

홀리데이 인 모리셔스 몬 트레저
Holiday Inn Mauritius Mon Tresor

한 줄 평 공항에서 가까운 가족형 가성비 호텔
등급 ★★★★ 위치 동부, Plaine Magnien
홈페이지 www.ihg.com
참조 192p

가족끼리, 친구끼리 실속형 숙소

여럿이 함께 하는 여행. 특히, 여행 경비가 부담스러운 가족 여행에서 숙소는 가장 큰 고민거리다. 각기 다른 연령대가 모두 편하게 묵을 수 있는 곳을 선택해야 한다. 만만치 않은 숙박비도 고려해야 한다. 하지만 모리셔스에서 그런 걱정은 접어도 된다. 집 나가면 고생이라는 말이 쏙 들어가는, 우리 집 같은 기분으로 지낼 수 있는 저렴한 숙소가 수두룩하다.

실속형 숙소 BEST 6

모리시아 비치콤버 리조트&스파
Mauricia Beachcomber Resort&Spa

한 줄 평 아이도 엄마도 모두 편한 여행
등급 ★★★ 위치 북부, Grand Baie
홈페이지 www.beachcomber-hotels.com
참조 125p

본 아주르 비치프런트 스위트&펜트하우스 바이 러브
Bon Azur Beachfront Suites&Penthouses by LOV

한 줄 평 최고의 가성비를 뽐내는 곳
등급 ★★★ 위치 북부, Trou aux Biches
홈페이지 www.innlov.com
참조 126p

캡 웨스트 바이 LA 카사니타 로트
CAP OUEST By LA CASANITA Ltd

한 줄 평 환상 속에나 그려보던 저택
등급 ★★★ 위치 남서부, Flic en Flac
홈페이지 www.capouestapartments.com
참조 160p

플뢰르 드 바닐라 아파트 호텔
Fleur de Vanille Appart Hotel

한 줄 평 동부 여행을 위한 작은 호텔
등급 ★★★
위치 동부, Blue Bay
홈페이지 www.booking.com
참조 193p

가든스 리트리트 Gardens Retreat

한 줄 평 북부의 인기 패밀리 객실
등급 ★★★
위치 북부, Pereybere
홈페이지 www.gardens-retreat.com
참조 127p

라카즈 샤마렐 익스클루시브 롯지
Lakaz Chamarel Exclusive Lodge

한 줄 평 대자연에 둘러싸인 경이로운 풍경
등급 ★★★ 위치 남서부, Chamarel
홈페이지 www.lakazchamarel.com
참조 160p

배낭여행자를 위한 숙소

알뜰하게 여행하면 동남아 여행비 수준으로 머물 수 있는 곳이 모리셔스다. 게스트하우스, 렌트하우스, 셰어하우스 등 저렴하게 묵을 수 있는 숙소가 많으니 여행 경비를 고려해서 차근차근 준비해보자. 주변에 슈퍼마켓이나 시장 등 편의시설이 있는 곳이면 더 좋다. 저렴하고 작은 숙소들은 대부분 객실 수가 많지 않다. 소개하는 곳이 풀 부킹이라도 낙담하지 말자. 에어비앤비와 부킹닷컴에 비슷한 컨디션의 숙소가 넘쳐난다.

실속형 숙소 BEST 6

로얄 호 Royal Ho

한 줄 평 그랑 베이가 다 도보권!
홈페이지 www.moonlai.com

블루 베릴 게스트하우스
Blue Beryl Guest House

한 줄 평 기가 막힌 바다 전망!
홈페이지 www.blueberyl.com

칠필 게스트하우스
Chillpill Guest House

한 줄 평 인피니티 풀이 있는 게스트하우스
홈페이지 www.chillpill-guest-house.business.site

핑고 스튜디오 Pingo Studios

한 줄 평 르 몽에서 인기 있는 아파트형 숙소
홈페이지 pingo-studios.apartment.mauritiushotelsweb.com

힐사이드 헤븐 Hillside Haven

한 줄 평 바다 조망의 언덕 위 천국
홈페이지 부킹닷컴 등에서 예약할 수 있다

마 비 라 Ma Vie La

한 줄 평 르 몽 브라방이 보이는 곳
홈페이지 www.booking.com

Tip 와이파이 걱정은 하지 않아도 된다. 모든 호텔과 리조트, 스튜디오는 불편함 없이 사용할 수 있는 와이파이를 제공한다. 다만, 한국만큼 빠른 인터넷 속도는 기대하지 말 것.

Q 모리셔스 숙소는 비싸다?

A 한국에서 모리셔스는 허니문 여행지로 유명해, 숙소도 허니무너를 위한 럭셔리 리조트만 부각이 되어 있다. 하지만, 모리셔스는 허니무너만 찾는 여행지가 아니다. 유럽인들의 가족 휴양지로도 유명한 모리셔스에는 다양한 가격대와 조건의 숙소가 있다. 하룻밤에 100만 원을 호가하는 호화 리조트부터 모리셔스의 저렴한 물가를 느낄 수 있는 가족 여행자를 위한 아파트형 숙소, 저렴한 스튜디오룸, 에어비앤비 등 원하는 금액에 맞는 다양한 숙소가 있다. 선택의 폭이 너무 넓어 고민스러울 정도. 모리셔스는 리조트뿐 아니라 가성비 좋은 숙소가 많은 휴양지라는 것을 기억하자.

Q 허니무너를 위한 럭셔리 리조트는?

A 모리셔스를 허니문으로 간다면 리조트 고르기가 쉽지 않다. 섬의 모든 바다를 끼고 럭셔리 리조트가 포진해 있기 때문. 그중에서도 허니무너에게 가장 인기 있는 곳은 동부의 벨 마르 비치와 남서부의 르 몽 비치에 있는 리조트다. 럭셔리 리조트 가운데 저렴한 리조트는 1박에 30~40만 원 정도지만, 포시즌스나 세인트 레지스 같은 고가 리조트는 1박에 100만 원을 호가한다. 숙박료는 독채형, 풀 빌라, 식사 포함 등 객실 타입과 제공하는 서비스에 따라 차이가 난다. 럭셔리 리조트를 저렴하게 즐기고 싶다면 비수기인 겨울 시즌(6~8월)의 프로모션을 이용하는 게 좋다.

Q 숙소 예약은 어디서?

A 호텔이나 리조트 요금 확인 및 예약은 호텔 가격 비교 사이트를 이용하자. 호텔스컴바인은 요금 검색하기가 쉽다. 호텔 설명이 잘 되어 있고, 많은 호텔을 검색할 수 있는 곳은 부킹닷컴과 아고다다. 매달 할인코드가 있어 고가의 숙소를 예약할 때 이용하면 좋다. 아파트나 빌라 같은 하우스를 렌트할 때는 에어비앤비를 이용한다. 장기간 여행하는 사람, 여럿이 여행하거나 혹은 혼자 여행하는 사람에게 맞춤형 숙소를 제공한다. 각 호텔 홈페이지에 들어가보는 것도 필수다. 숙박 기간, 또는 성수기와 비수기에 따라 프로모션을 진행하는 곳이 많다. 사이트마다 가격이 다르니 숙소가 정해지면 비교 검색을 해보고 예약을 진행하자.

호텔 가격 비교 사이트

- **호텔스컴바인** www.hotelscombined.co.kr
- **부킹닷컴** www.booking.com
- **아고다** www.agoda.com
- **에어비앤비** www.airbnb.co.kr

Q 어디에 숙소를 잡을까?

A 모리셔스 구석구석을 다 돌아보는 긴 여행을 할 수 있다면 더 바랄게 없지만, 휴가가 짧은 한국인에게는 꿈같은 이야기. 최적의 여행지와 숙소를 찾는 것이 중요하다. 우선, 계절과 여행 스타일에 맞는 지역을 정하자.

여행 성수기인 11~2월은 섬의 어디를 가도 날씨가 좋아 어느 지역에 숙소를 잡아도 상관없다. 6~8월은 바람이 세차다. 휴양을 즐기기에 날씨가 조금 쌀쌀하다. 하지만, 관광을 하기에는 좋은 날씨다. 무엇보다 비수기라 성수기에 비해 약 30~50% 정도 숙박비가 저렴하다. 값비싼 특급 리조트를 저렴하게 즐길 수 있는 기회다. 이 시기에 여행을 가서 휴양과 관광 모두 즐기고 싶다면 동부보다 바람이 덜한 북부의 그랑 베이나 남서부의 플릭 엔 플락을 추천한다.

PLANNING 13

허니무너가 로망하는 리조트 **베스트 6**

최고의 리조트에 머무는 것! 모든 허니무너의 소망이다. 모리셔스에는 허니무너의 꿈을 이뤄줄 완벽한 리조트가 많다. 둘만의 로맨틱한 시간을 위한 최고의 시설과 서비스를 갖춘 최고급 리조트 가운데 최고를 꼽아봤다.

사치와 낭만을 누리는 리조트

로얄 팜 비치콤버 럭셔리 Royal Palm Beachcomber Luxury

모든 객실이 스위트룸으로 구성된 리조트. 넓은 객실은 룸과 거실이 분리되어 있다. 그랑 베이가 보이는 테라스가 있어 드림 하우스를 얻은 것 같은 기분. 모리셔스 스파 어워드에서 1위를 한 클라린스 스파가 입점해 있다. **북부** 그랑 베이 비치 Grand Baie Beach ▸ 124p

우아하게 즐기는 르 몽 비치

세인트 레지스 모리셔스 리조트 The St Regis Mauritius Resort

모리셔스를 대표하는 르 몽 비치를 즐기기 좋은 위치에 있다. 고풍스러운 콜로니얼풍 건물에 우아함이 넘치는 객실. 모리셔스에서 가장 아름다운 리조트로 손꼽힌다. 액티비티가 가장 활발한 바다가 있어 활동적인 허니무너에게 추천한다. **남서부** 르 몽 비치 Le Morne Beach ▸ 157p

모든 것이 퍼펙트!

포시즌스 리조트 모리셔스 앳 아나히타 Four Seasons Resort Mauritius at Anahita

모리셔스 리조트에서 가장 비싼 곳 중 하나다. 포시즌스라는 명성에 걸맞게 모든 시설과 서비스가 럭셔리한 풀 빌라다. 감성적이고 로맨틱한 분위기가 극대화된 허니문 맞춤형 리조트. 허니무너가 가장 가고 싶어 하는 1순위 리조트다. **동부** 뷰 챔 Beau Champ ▸ 188p

프라이빗한 모리셔스의 별장

더 오베로이 모리셔스 The Oberoi Mauritius

무려 11m의 개인 풀장이 있는 단독 풀 빌라다. 모리셔스 리조트 가운데 가장 넓은 프라이빗 공간을 제공한다. 열대 식물이 무성한 아름다운 정원과 아프리카 전통 인테리어도 이국적인 느낌을 물씬 풍긴다. **중부** 터틀 베이 Turtle Bay ▸ 218p

리조트만 즐기기에도 바쁜 여행

콘스탄스 벨 마르 플라주

Constance Belle Mare Plage

몰디브와 세이셸 등에도 리조트가 있는 콘스탄스 그룹에서 운영한다. 모리셔스에서 가장 큰 리조트로, 2016년 리노베이션을 마쳐 모든 게 최신식이다. 부대시설도 따라올 곳이 없다. 4개의 풀장, 7개의 레스토랑, 6개의 바, 골프 클럽이 있다.

동부 벨 마르 비치 Belle Mare Beach ▸ 189p

머무는 것 자체가 힐링

마라디바 빌라 리조트&스파

Maradiva Villas Resort&Spa

일 년 내내 건조하고 따뜻한 기후를 가진 플릭 엔 플락에 있다. 전 객실이 프라이빗한 독채 풀 빌라로 객실에 개방된 곳이 전혀 없다. 은밀한 여행을 즐기는 커플에게 인기가 많다. 큰 마을을 연상케 하는 리조트 단지 내에 24시간 스태프가 대기한다.

남서부 플릭 엔 플락 Flic en Flac ▸ 158p

고급 리조트 제대로 누리는

호텔 용어

플런지 풀 Plunge Pool

일반 풀장보다 작은 규모인, 풀 빌라의 작은 풀을 말한다. 풀 빌라가 아닌 객실에도 발코니나 독채 빌라에 플런지 풀을 갖추고 있는 경우도 많다.

인피니티 풀 Infinity Pool

풀의 한쪽 면이 바다와 하늘, 수영장의 경계가 없는 것처럼 설계한 수영장이다. 높이에 따라 하늘과 이어지는 것처럼 설계가 되는데, 호텔을 보다 호화스럽게 연출한다. 찍는 대로 인생사진이 나올 확률 99%!

풀 보드/하프 보드 Full Board/Half Board

식사 포함 정도를 알려주는 말이다. 객실 요금에 조식과 중식, 석식이 모두 포함된 것을 풀 보드, 조식과 중식, 혹은 조식과 석식만 포함한 것을 하프 보드라 한다. 모든 식사가 포함되어 있으면 끼니마다 뭘 먹을지 고민할 필요 없이 하루 종일 리조트 안에서 해결할 수 있다.

올 인클루시브 All Inclusive

풀 보드에 음료와 술까지 포함된 패키지다. 술을 좋아하는 사람이라면 올 인클루시브를, 술을 즐기지 않는다면 풀 보드를 선택하면 된다.

인 룸 다이닝 In Room Dining

객실로 음식과 와인을 배달해주는 서비스다. 럭셔리 리조트는 24시간 인 룸 다이닝을 제공한다. 올 인클루시브로 예약했다면 누려볼 만한 서비스다. 인 룸 다이닝이 포함 안 된 리조트에 숙박한다면, 서비스 이용 후 이용료는 객실에 달아놓고 체크아웃 시 한번에 요금을 지불한다.

턴 다운 서비스 Turn Down Service

낮 시간 동안 해주는 객실 청소 서비스 외 저녁 시간에 침구를 다시 세팅하고 객실 정리를 해주는 것을 말한다. 특급 호텔과 럭셔리 리조트에서 제공하는 서비스로 초콜릿과 쿠키 등을 두고 가기도 한다.

PLANNING 14

모리시안 **식탁을 엿보다**

음식을 보면 그 나라의 역사와 문화가 보인다. 크레올이라고 불리는 모리셔스 음식 역시 다양한 음식 문화가 한데 어울려 탄생했다. 전통 크레올 음식은 섬에서 가장 쉽게 구할 수 있는 새우, 문어, 생선 같은 해산물로 만든 요리와 세계 어디서나 즐겨먹는 치킨이 주메뉴. 또한, 새우나 문어를 넣어 커리를 만들고, 생선을 소금에 절여 먹기도 한다. 사탕수수 농장에서 일하러 온 이주민의 음식 문화가 자리를 잡다 보니 근사한 다이닝보다는 빠르고 저렴하게 먹을 수 있는 길거리 음식이 많다.

트라이 잇!

모리시안 푸드

진짜 모리셔스를 알고 싶다면 크레올을 맛보자. 리조트에서 즐기는 근사한 다이닝에서는 느낄 수 없는 모리셔스의 맛과 향이 있다. 현지 레스토랑에서 주문 가능한 메뉴 가운데 맛도 좋고, 인기 좋은 음식을 뽑았다.

매직 볼 Magic Bowl

가장 인기 있는 음식이다. 모리셔스로 이주한 중국인에게 전해 내려온 레시피에서 비롯됐다. 굴소스에 볶은 고기와 채소, 계란, 그리고 밥을 층층이 올린 푸짐한 비주얼을 자랑한다. 가격도 저렴한 편이다. 현지에서는 볼 랑베르세 Bol renversé라고도 한다.

부렛 Boulet

중국 만두가 모리시안식으로 변형된 음식이다. 쫀득한 반죽에 슈슈(모리셔스 채소), 치킨, 생선 등을 섞어 쪄낸다. 그냥 찐 상태로 먹거나 만둣국처럼 육수를 낸 국물에 담가 먹는다. 길거리나 푸드 코트에서 쉽게 찾아볼 수 있다. 개당 10~15루피로 가격도 저렴하다.

리 프리 Riz Frit / Fried Rice

중국 요리와 인도 요리가 훌륭하게 믹스된 음식이다. 밥을 당근, 완두콩, 토마토, 양파 등과 함께 굴소스나 피쉬소스로 볶아낸다. 고슬고슬 볶은 밥에 시푸드나 치킨을 토핑으로 올린다. 어느 레스토랑을 가도 실패 확률이 적은 메뉴다.

문어 커리 Octopus Curry

문어는 모리셔스 요리에서 가장 인기 있는 해산물 재료 중 하나다. 인도식으로 만든 커리에 문어를 넣은 문어 커리도 모리셔스의 인기 메뉴다. 따뜻한 쌀밥에 문어 커리, 토마토로 만든 처트니와 함께 먹는다. 모리셔스에서 꼭 맛봐야 하는 크레올 대표 음식 중 하나다.

루가일 Rougaille

토마토 베이스의 크레올 요리. 마늘, 양파, 생강, 고추로 맛을 내어 매콤한 소스에 고기나 해산물을 뭉근하게 끓여 만드는 스튜의 일종이다. 크레올 전문 레스토랑에 가면 맛볼 수 있다. 가장 자주 볼 수 있는 루가일은 통통한 새우로 요리한 쉬림프 루가일. 아주 맛이 좋다. 보통 밥과 함께 먹는다.

쉬림프 프리터

Shrimp Fritters / Beignet de Crevette

동그란 튀김옷을 입힌 새우튀김이다. 튀김옷이 도넛처럼 통통하고 폭신하다. 그 안에 탱글탱글한 작은 새우가 한 마리씩 들어 있다. 모양이 공처럼 생겨서 쉬림프 볼Shrimp Ball이라고도 한다. 식초와 마늘이 섞인 소스에 찍어 상큼하게 먹으면 느끼함이 덜하고 맛이 좋다.

민 프릿 Mine Frite / Fried Noodles

모리셔스식 중국 요리 가운데 하나로, 볶음면이다. 어디서나 찾기 쉬우며, 저렴하고, 양까지 푸짐하다. 계란면에 마늘, 굴소스, 간장, 피쉬소스, 참깨, 후추 등으로 간을 해서 한국인에게도 익숙한 맛이다. 대부분 레스토랑에 메뉴가 있지만 포트 루이스 차이나타운에서 더 저렴하고 맛있는 누들을 맛볼 수 있다.

피쉬 빈다이 Fish Vindaye

모리셔스 전통 음식이다. 참치나 도미 같은 큰 물고기를 두툼하게 썰어 야채와 튀긴 후 커리 가루, 겨자 등에 버무린 후 냉장고에 며칠 재어 놓았다 먹는 음식이다. 보통 빵이나 파라타(인도식 팬케이크) 등을 곁들인다. 술안주로도 많이 먹는다. 모리시안의 홈 파티에 빠지지 않는, 한국의 잔치 음식 같은 역할을 한다.

파라타 Farata / Paratha

인도식 팬케이크로 밀가루 반죽을 프라이팬에 구워 만든다. 기호에 따라 칠리소스와 콩으로 만든 커리, 야채피클을 넣어 먹는다. 빈대떡 느낌으로 쫀득쫀득한 맛이 일품이다. 현지인들에게 간단하게 한 끼를 때우는 음식으로 사랑받는다. 거리의 노점 어디에서나 볼 수 있다. 가격은 개당 6~10루피로 저렴하다.

돌 푸리 Dholl Puri / Dhal Puri

파라타가 조금 업그레이드된 버전이다. 내용물과 생긴 모양은 비슷하다. 다만, 노란색을 띠고 있는 게 다르다. 파라타보다 훨씬 더 맛있다. 돌 푸리에 들어가는 노란 가루는 콩을 말려 가루를 낸 것. 모리셔스 길거리 음식 중 가장 인기가 좋다. 돌 푸리 맛집으로 소문난 몇 곳의 점포는 항상 줄을 서서 먹을 정도다.

비리아니 Biryani

인도 레스토랑에서 흔히 볼 수 있는 인도식 쌀 요리다. 밥과 감자, 양파 등 야채와 고기를 쪄서 만든다. 고기는 치킨, 소고기, 양고기를 사용하는데, 원하는 종류로 선택할 수 있다. 커리나 처트니 등의 소스와 함께 먹는다. 약간의 향신료가 섞여 있다. 피쉬 빈다이처럼 사람이 많이 모이는 파티나 결혼식 등에 빠지지 않는 잔치 음식이다.

빅토리아 파인애플 Victoria Pineapple

주먹만큼 작고 황금빛을 내는 파인애플이다. 이런 종류의 파인애플은 모리셔스와 레위니옹, 그리고 남아공에서만 생산된다. 일반 파인애플보다 수분이 많고, 부드럽고, 더 달콤하다. 관광객이 많은 비치의 노상에서 손질해 놓은 파인애플을 많이 팔고 있으니 꼭 한번 맛보자.

한 번 맛보면 자꾸 손이 가는

모리셔스 국민 간식, 가작

가작Gajak은 모리셔스 전 국민이 좋아하는 국민 간식이다. 밥을 먹기 전에 먹는 애피타이저, 길에서 파는 길거리 음식, 손이 심심할 때 먹는 핑거 푸드, 맥주와 함께하는 안주 등을 모두 가작이라고 한다. 마켓에서도 팔지만 마켓보다 길에서 직접 만든 가작이 훨씬 더 맛이 좋다. 길을 걷다 보면 가작을 파는 작은 수레나 유리장을 수시로 보게 된다. 한 번 맛보면 자꾸 생각나는 가작. 어떤 종류가 있는지 알아보자.

가토 피망 Gâteau Piment

칠리 케이크, 혹은 칠리 볼이라고도 한다. 콩과 밀가루 반죽에 고추와 커리 가루를 섞어 만든 튀김이다. 보통은 아침에 차와 함께 곁들여 먹는다. 브런치 타임에 곁들여 먹는 간식이다.

사모사 Samoussa

인도에서 유래한 음식. 감자, 콩, 고기, 치즈 등을 다져 향신료를 살짝 섞어 삼각형으로 튀겨낸다. 한국에서도 종종 눈에 띄는 음식으로 바삭한 튀김옷이 일품이다. 속 재료에 따라 다양한 맛이 난다.

뒤 팡 프리르 Du Pain Frire

빵튀김이다. 단순히 식빵만 튀김옷을 입혀 튀기기도 한다. 레시피에 따라 야채를 넣어 튀기기도 한다. 폭신한 빵에 매콤한 처트니를 곁들여 먹는다.

가토 브레젤 Gâteau Bringelle / Gâteaux d'aubergine

한국에서도 볼 수 있는 가지튀김이다. 도톰한 튀김옷에 폭신하고 달콤한 가지가 들어 있다. 한국과는 다른 맛이다. 입 안에서 살살 녹는 가지의 풍미를 느낄 수 있다.

가토 파타트 Gâteau Patate

가작 중에서도 가장 인기 있는 메뉴다. 고구마를 삶아 만든 피에 코코넛을 넣어 튀겨낸다. 고구마 케이크라고도 한다. 단맛이 강해서 디저트로도 즐긴다.

하키엔 Hakien

중국 춘권이 모리셔스식으로 변형된 음식이다. 각종 채소를 돌돌 말아 튀겨낸다. 길거리 음식으로도 인기지만, 레스토랑에서 애피타이저로도 즐겨 먹는다.

바자 Baja

콩가루와 밀가루를 섞은 반죽에 파와 고수를 잘게 썰어 넣어 튀겨낸 음식이다. 고소한 볼에 고수 향이 살짝 더해졌다. 고수 향을 좋아하는 사람에게는 새로운 맛을 즐길 수 있는 기회다.

주문할 때 참고하면 좋은 음식 용어

현지어	영어	한국어
Poisson	Fish	생선
Camaron	Giant Prawn	타이거 새우
Crabe	Crab	게
Poulet	Chicken	닭
Crevette	Shrimp	새우
Calamar	Calamary	오징어
Poulpe	Octopus	문어
Boeuf	Beef	소
Agneau	Lamb	양
Creole Sauce	Creole Sauce	크레올소스
Beurre d'ail	Garlic Sauce	마늘소스
Moutarde	Mustard	머스타드
Sauce d'huître	Oyster Sauce	굴소스
Sauce gingembre	Ginger Sauce	생강소스
Beignet	Fritter / Fried	튀김
Gâteau	Cake	케이크

달달한 시간

모리시안 디저트, 미타이

미타이Mithai는 단 음식, 디저트 등 각종 스위트류를 총칭하는 말이다. 미타이는 프랑스나 영국식 디저트도 있지만, 인도식 디저트가 가장 많다. 모리셔스의 디저트는 상상 이상으로 달다.

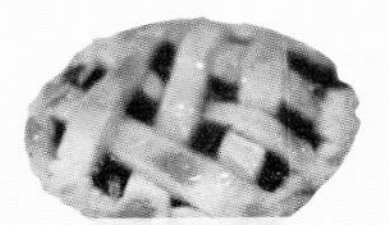

바나나 타르트 Banana Tart

누가 먹어도 맛있는 디저트. 바나나잼을 쿠키에 얹어 오븐에서 구워낸다.

코코넛 커스터드 타르트 Coconut Custard Tart

부드러운 커스터드 크림이 가득한 케이크. 위에 말린 코코넛이 뿌려져 있다.

잘레비 Jalebi

밀가루를 튀겨 설탕물에 재운 디저트. 쫀득하고 찐득하게 입에 감기는 식감이 재밌다.

마니옥 구종 Manioc Goujons

마니옥으로 만든 프렌치프라이다. 감자보다 더 담백하고 고소한 맛을 느낄 수 있다.

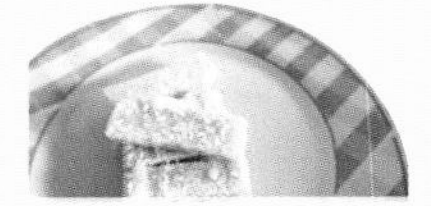

가토 마니옥 Gâteau Manioc

마니옥으로 만든 케이크. 한국의 떡과 비슷하다. 겉면에 말린 코코넛 과육을 뿌려 단맛이 살짝 돈다.

가토 나폴리 Gâteau Napolitaine

핑크빛 설탕으로 옷을 입히고, 속은 잼과 치즈로 채운 프랑스식 디저트. 최고의 단맛을 자랑한다.

Tip 모리셔스 미타이 맛집

가장 유명한 미타이 맛집은 포트 루이스에 위치한 봄베이 스위츠 마트Bombay Sweets Mart다. 겉으로는 허름해 보이지만, 안으로 들어가면 알록달록한 인도식 디저트가 가득하다. 동그랗게 튀긴 라두Ladoo, 우유와 땅콩으로 만든 바피Barfi, 당근의 상큼한 색이 살아있는 캐롯 할와Carrot Halwa 등 다양한 디저트를 맛볼 수 있다. 크기도 작고 가격도 저렴하니 맘에 드는 것들로 골라 담아보자.

알고 먹으면 더 맛있다!

모리셔스 소스

모리셔스 어느 가게를 가도 각종 소스가 올라와 있다. 대부분은 칠리가 첨가된 매콤한 소스다. 비슷비슷하게 생겼지만 이름도 맛도 제각각이다. 모리셔스 음식을 더 맛있게 만들어줄 다양한 소스를 알아보자.

처트니 Chutney

망고, 양파, 코코넛 등 야채와 과일을 잘게 썰어 만드는 소스. 가장 흔한 것은 토마토 처트니다. 기본적으로 고수 향이 나고, 살짝 매운맛이 돈다. 인도식 빵 난이나 가작에 올려 먹는다.

마자바루 Mazavaroo

고춧가루로 만든 양념장 같은 느낌의 소스. 고추와 레몬, 생강을 갈아 살짝 볶아 만든다. 소스 중 가장 맛있게 매운맛을 느낄 수 있다. 민 프릿, 리 프리와 곁들여 먹으면 좋다. 슈퍼마켓에서 저렴하게 구입할 수 있다.

칠리소스 Chilli Sauce

녹색 생고추와 마늘을 곱게 갈아 넣은 소스다. 칠리소스 중 가장 맵다. 대부분의 레스토랑에서 음식을 시키면 함께 나온다.

야채피클 Vegetable Pickle

모리셔스는 야채를 절여 피클로 만들어 먹는데, 양배추를 잘게 썰어 커리 가루에 겨자와 식초를 넣어 만드는 게 일반적이다. 파라타, 돌 푸리와 함께 먹는다. 인도 레스토랑에서 흔히 볼 수 있다.

마늘소스 Garlic Sauce

튀김이나 볶음 종류를 주문하면 함께 나오는 소스 중 하나. 다진 마늘을 식초에 재워 놓은 소스다. 음식의 느끼한 맛을 잡아주고, 마늘향이 살짝 돌아 더 맛있게 음식을 먹을 수 있다.

고추피클 Chilli Pickle

레스토랑보다 슈퍼마켓에서 쉽게 찾을 수 있는 피클. 작고 매운 고추를 피클로 담아 놓는다. 음식을 먹을 때 매운맛을 원한다면 추천한다. 긴 여행 중 한국 음식이 생각날 때 먹으면 좋다.

PLANNING 15

모리셔스에만 있다! 모리시안 음료 열전

해변에서 하루 종일 수영하고 태닝할 때, 카페에 앉아 차를 주문할 때, 길을 걷다 목이 마를 때, 모리셔스에서는 무엇을 마실까? 모리셔스에서 맛볼 수 있는 다양한 음료를 추천한다. 맥주도, 칵테일도, 주스도, 모리셔스 스타일로 즐겨보자!

샤마렐 럼 공장

모리셔스를 대표하는 술 럼

사탕수수로 만드는 럼은 모리셔스를 대표하는 술이다. 모리셔스를 여행하다 보면 사탕수수밭을 간혹 마주칠 수 있는데, 이 사탕수수로 만든 다양한 종류의 럼을 만날 수 있다. 가격대도 다양해 애주가라면 놓칠 수 없는 즐거움이다. 증류주인 럼은 증류 방법과 보관하는 오크통의 종류, 기간에 따라 부드러움과 향의 깊이가 다르다. 저렴하고 독한 럼은 보통 콜라와 섞어 마시며 럼 콕Rum Coke이라 부른다.

그 외에 모리셔스산 망고, 레몬, 바닐라, 커피 등을 첨가해서 마시는 과일 칵테일 럼주도 인기가 많다. 럼 고유의 맛과 향을 즐긴다면 샤마렐 럼을 권한다. 샤마렐 럼은 12종의 사탕수수가 자라는 모리셔스에서 가장 좋은 사탕수수로 제조해서 부드럽고 섬세한 향이 있다.

모든 레스토랑에서 럼 칵테일을 맛볼 수 있다. 슈퍼마켓에서도 구입할 수 있다. 샤마렐 럼 공장Le Rhumerie de Chamarel에서 럼 생산 과정을 자세히 볼 수 있다.

바다와 환상 궁합 모리셔스 로컬 맥주

파도가 넘실거리는 바다를 보며 하얀 백사장에 누워 있을 때 한 손에 시원한 맥주 한 캔을 들고 있어야 비로소 천국의 모습이 완성된다. 로컬 맥주가 유명한 모리셔스에서는 더욱 더 맥주를 사랑하게 된다.

모리셔스 자체 생산 맥주 브랜드는 피닉스Phoenix와 블루 마린Blue Marlin 그리고 스텔라 필스Stella Pils 등으로, 모두 피닉스 비버리지Phoenix Beverages Ltd에서 만든다. 특히, 알코올 도수 5%의 피닉스는 골든 라거로 불리며, 국민 맥주로 통한다. 어느 레스토랑을 가나 식탁의 주인처럼 테이블을 차지하고 있으니 모리셔스에서 피닉스는 꼭 마셔봐야 한다.

마이크로 브루어리로 유명세를 떨치는 도도 브루잉 컴퍼니Flying Dodo Brewing Company의 수제 맥주를 추천한다. 포트루이스 근처 대형 쇼핑몰인 바가텔 몰Bagatelle Mall 에 위치해 있다.

부아 셰리 티 팩토리

알루다 필라이

향긋한 티타임, 바닐라 티

차 문화는 모리셔스가 프랑스령이었을 때 전해졌다. 동양의 차 문화에 눈뜬 유럽인들은 모리셔스가 차를 재배하기에 최적의 조건을 갖추고 있다는 걸 알고 본격적으로 차 재배를 시작했다. 모리셔스에서 가장 인기 있는 브랜드는 부아 셰리Bois Chéri와 코르송Corson이다.

부아 셰리 티 팩토리에 방문하면 약 20여 가지 차를 시음할 수 있고, 차 구입도 할 수 있다. 부아 셰리는 무농약에 인공첨가물을 가미하지 않은 친환경 차를 만들기로 유명하며, 홍차의 묵직한 맛에 향긋한 바닐라를 더한 바닐라 티가 인기 있다. 평소 차를 좋아한다면 꼭 들러야 하는 필수 코스.

모리시안의 국민 음료, 알루다

모리시안에겐 커피보다 더 친근하고 대중적인 음료수가 알루다Alouda다. 알루다는 바닐라 베이스에 우유와 딸기 시럽, 그리고 톡톡 씹히는 바질 씨가 가득 들어간 음료수. 이곳 사람들은 알루다 한 잔으로 아침을 시작할 정도다. 대부분의 푸드 코트와 재래시장에서 맛볼 수 있다.

모리시안의 열렬한 지지를 받는 알루다 가게는 포트 루이스 센트럴 마켓에 있는 알루다 필라이Alouda Pillay다. 테이블도 없는 작은 가판대에서 판매하는데, '알루다 한 잔 주세요'라는 말을 하기 버거울 정도로 매일 알루다를 맛보려는 사람들로 붐빈다. 포트 루이스를 방문하는 날 잊지 말고 방문할 것!

도도 카페

모리셔스도 엄연한 커피 생산국!

모리셔스도 커피를 생산하지만, 밀크티를 즐겨 마시는 인도인과 차 문화가 뿌리깊게 자리한 중국인 그리고 크레올이 인구의 대부분을 차지해 차가 훨씬 유명하다. 모리셔스에서는 소수의 프랑스인만 커피를 마시기 때문에 많은 양이 생산되지는 않는다. 모리셔스에서 재배되는 커피 원두는 샤마렐Chamarel 한 가지다.

연하고 산미가 있는 깔끔한 맛이 특징이다. 남미와 아프리카에서 수입한 원두를 직접 로스팅해 판매하는 모리셔스 브랜드 도도 카페Dodo Cafe의 커피도 마셔볼 만하다. 그랑 베이와 포트 루이스의 대형 쇼핑몰에 카페가 입점해 있다. 마켓에서도 원두를 살 수 있다.

마헤부르 바자르

이게 진짜 꿀맛! 사탕수수 주스

신선한 사탕수수 즙을 짜서 바로 만드는 사탕수수 주스Sugar Cane Juice. 눈앞에서 짜내는 과정도, 아무것도 첨가하지 않았는데 달콤하고 시원한 주스의 맛도 이색적이다. 동남아 여행을 하다 보면 사탕수수 주스를 파는 곳을 볼 수 있다. 그러나 모리셔스와 다른 나라에서 마시는 사탕수수 주스를 비교할 수 없다.

모리셔스는 세계 최고 수준의 사탕수수가 재배되는 곳. 사탕수수로 만든 럼도 설탕도 인정받는 모리셔스답게, 사탕수수 주스 또한 신선하고 달콤하다. 사탕수수 종류도 다양하고, 맛도 조금씩 다르다. 포트 루이스 중앙 시장, 마헤부르 바자르 등에서 맛볼 수 있다.

PLANNING 16

모리셔스
쇼핑 리스트

모리셔스의 대표주 럼
슈퍼마켓, 샤마렐 럼 공장에서 구매 가능
400루피~

모리셔스를 추억하는 시간 바닐라 티
슈퍼마켓, 부아 셰리 티 팩토리에서 구매 가능
40루피~

세계 최고의 기술력을
담은 수제 모형 범선
히스토릭 마린, 대형 기념품숍에서 구매 가능
600루피~

모리셔스에만 있다!
샤마렐 커피
슈퍼마켓, 세븐 컬러드 어스에서 구매 가능
260루피~

모리셔스 파인애플과 설탕의
환상 조합 파인애플잼
슈퍼마켓에서 구매 가능
80루피~

보들보들 몸도 기분도
좋아지는 바닐라 보디 폴리시
세븐 컬러드 어스에서 구매 가능
480루피~

모리셔스에는 여행의 추억을 담을 수 있는 것들이 많다. 저렴하면서 품질까지 좋은 특산품이 슈퍼마켓이나 시장에 가득하다. 여행을 추억하는 나만의 기념품이나 친구에게 줄 선물용으로 괜찮은 모리셔스 기념품 베스트!

모리셔스에서 생산된
순도 높은 설탕
슈퍼마켓, 설탕 박물관에서 구매 가능
55루피~

사라진 도도새를 추억하며
도도새 가방
그랑 베이 바자르, 센트럴 마켓에서 구매 가능
300루피~

모리셔스의 맛을
우리 집까지 처트니
슈퍼마켓에서 구매 가능
100루피~

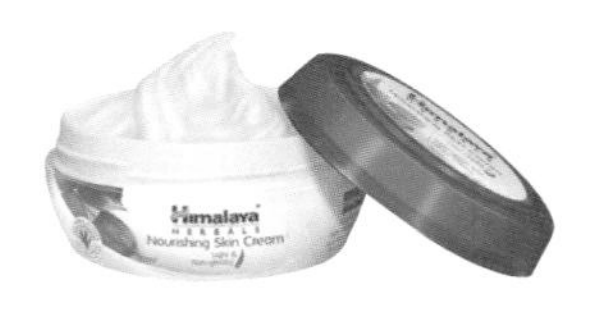

인도 화장품의 왕
히말라야 화장품
대형 마트에서 구매 가능
100루피~

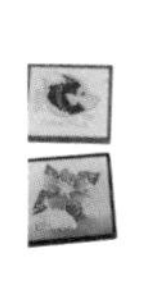

세상에 하나뿐인
핸드 페인팅 마그넷
포트 루이스 크래프트 마켓에서 구매 가능
120루피~

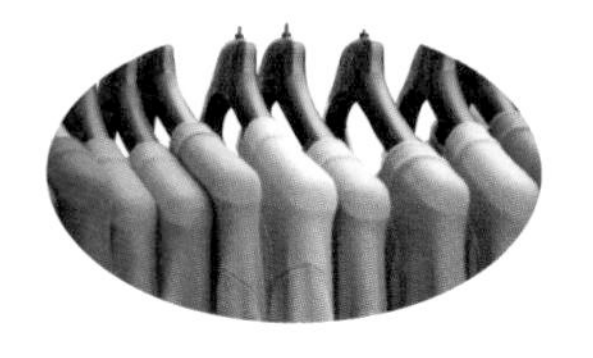

퀄리티 좋은
캐시미어 셔츠
대형 쇼핑몰에서 구매 가능
3,000루피~

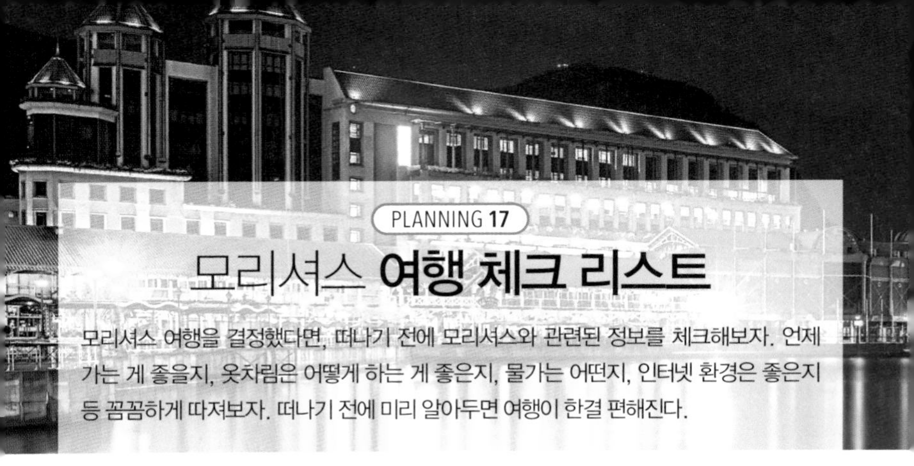

PLANNING 17

모리셔스 여행 체크 리스트

모리셔스 여행을 결정했다면, 떠나기 전에 모리셔스와 관련된 정보를 체크해보자. 언제 가는 게 좋을지, 옷차림은 어떻게 하는 게 좋은지, 물가는 어떤지, 인터넷 환경은 좋은지 등 꼼꼼하게 따져보자. 떠나기 전에 미리 알아두면 여행이 한결 편해진다.

언제 가는 게 좋을까?

모리셔스는 아프리카 동쪽 인도양에 있다. 여름과 겨울로 나뉘는데, 9월부터 이듬해 5월은 여름, 6월에서 8월은 겨울이다. 남반부에 있어 한국과는 계절이 반대다. 여름 평균 기온이 25도고, 겨울도 한국의 초여름같이 온화한 날씨다. 연중 강수량이 집중되는 2~3월에는 폭풍이 잦으니, 2~3월에는 여행을 피하는 게 좋다.

모리셔스 여행 성수기는 11~2월, 비수기는 6~8월이다. 바다 수영은 일 년 내내 가능하지만, 6~8월에 동부 지역은 바람이 세다. 바다에서 수영하기에는 날씨가 쌀쌀한 편이다. 하지만 북부와 서부 지역은 날씨가 괜찮다. 트레킹과 관광이 주목적이라면, 6~8월에 여행을 가는 것도 좋다. 모리셔스 여행 시 여름옷과 수영복은 기본! 겨울에는 간절기 의류도 챙기자. 트레킹 일정이 있다면 운동화는 필수다.

화폐와 물가, 환전

모리셔스 공식 화폐는 모리셔스 루피Rupee(MUR). 1루피는 한화로 28원(2023년 3월 기준)이다. 모리셔스 화폐는 지폐 6종, 코인 6종으로 되어 있다. 보통 50루피와 100루피 지폐를 많이 사용한다.

모리셔스 동전과 지폐

한국에서는 모리셔스 화폐로 환전이 불가능하다. 유로화로 환전해 모리셔스 공항에서 다시 루피로 환전해야 한다. 그랑 베이와 플릭 엔 플락 외에는 환전소를 찾아보기가 힘드니 공항에서 환전하는 것이 좋다. 모리셔스 현지 ATM기에서 체크카드로 직접 루피로 인출하는 방법도 있다. 하루 최대 1만 루피까지 인출이 가능하다.

모리셔스의 물가는 한국의 절반 정도로 저렴한 편이다. 모리셔스에는 여행자의 취향을 고려한 다양한 가격대의 숙소가 있는데, 코로나 이후 대부분 국가의 관광지 숙박료가 많이 오른 것에 비해 상대적으로 오름폭이 적은 편이다. 1박에 100만 원을 호가하는 초호화 럭셔리 리조트부터 4~5만 원 게스트하우스, 아파트 등이 뒤섞여 있다. 식사도 끼니당 1,000루피 이상하는 고급 레스토랑부터 100루피로 한 끼를 해결할 수 있는 저렴한 레스토랑도 있다. 숙소와 레스토랑은 여행 스타일에 따라 선택이 가능하다.

수도와 면적

수도는 북서부의 포트 루이스다. 국토 면적은 2,040km². 제주도(1,849km²)보다 약간 더 크다. 섬의 끝에서 끝까지 자동차로 70~90분 정도 소요된다.

국기

빨강, 파랑, 노랑, 초록 색이 들어간 4색기다. 빨강은 독립을 위해 투쟁한 모리셔스인의 피, 파랑은 인도양, 노랑은 빛나는 태양, 초록은 일 년 내내 늘 푸른 모리셔스를 나타낸다. 또한, 국기에는 인도, 유럽, 아프리카, 중국 등 이민자로 이뤄진 다민족 국가로서의 융합과 번영을 기원하는 의미도 있다.

언어

모리셔스 공식 언어는 영어지만, 국민의 90% 이상이 프랑스어와 크레올어를 사용한다. 뉴스와 신문 등 공식 매체, 거리의 간판과 표지판, 그리고 지역명도 프랑스어를 사용한다. 단, 호텔, 렌터카, 관광지 등 여행과 관련된 곳에서는 영어 사용이 가능하다. 간단한 프랑스어 단어를 익히면 좋다.

시차

한국보다 5시간이 느리다. 한국이 밤 10시일 때 모리셔스는 오후 5시다.

비자

관광 목적으로 모리셔스를 방문할 경우, 특별한 비자 없이 90일까지 체류가 가능하다.

심카드

모리셔스는 로밍 서비스가 되지 않는다. 대신 심카드와 데이터 비용은 저렴한 편이다. 모리셔스 공항의 ABC 렌터카 오피스와 3번 게이트에 있는 우체국(평일 오후 4시까지)에서 심카드 구입이 가능하다. 또한, 슈퍼마켓이나 쇼핑몰, 통신사 등 통신사 마크가 있는 곳에서 심카드 구입과 충전이 가능하다.

심카드는 100루피에 기본 300MB와 현지 번호가 제공된다. 충전은 원하는 만큼 가능하다. 1기가에 한화로 1만 원 정도다. 가장 많이 사용하는 통신사는 Emtel이다. 호텔이나 숙소, 레스토랑에서도 대부분 무료 와이파이를 제공한다.

한국 대사관

모리셔스에는 한국 대사관이 없다. 모리셔스 대사 업무는 마다가스카르나 케냐 한국 대사관에서 관장한다고 하지만, 워낙 거리가 멀고 운영시간도 짧아 제때 도움 받기는 어렵다. 따라서 모리셔스에서 여권을 분실하거나 일이 생겼을 경우 대사관에 연락해 도움받기가 쉽지 않다. 이 점을 항상 유의해서 여권 관리 등에 신경쓰자.

마다가스카르 한국 대사관
전화 +261-20-22-229-33

케냐 나이로비 한국 대사관
전화 +254-20-333581

국제전화

모리셔스의 국가번호는 230. 모리셔스에서 한국으로 전화를 걸 때는 00(국제전화 식별 번호)+국가번호+0을 뺀 지역번호(또는 핸드폰 번호)+전화번호를 누르면 된다.

모리셔스에서 한국으로 전화하기

00(국제전화 식별 번호)+국가번호(82)+0을 뺀 지역번호 혹은 핸드폰 번호+상대방 전화번호

ex 02-1234-5678 → 00-82-2-1234-5678 or
00-82-10-1234-5678

PLUS INFO

모리셔스 여행 중 알아두면 좋은 정보

❶ 모리셔스는 주소에 번지수가 없는 경우가 많다. 대개 건물명이나 도로명으로 되어 있어, 주소만 보고는 목적지를 찾기 힘들다. 구글맵이나 내비게이션을 이용할 때는 목적지 이름을 입력해서 찾아가자.

❷ 모리셔스 대부분의 지역명은 프랑스어 혹은 크레올어로 되어 있다. 현지인에게 길을 물으면 10명 중 9명은 알아듣지 못한다. 큰 도시의 이름은 미리 알아두는 게 좋다. 또한, 길을 물을 땐 지도를 준비하자.

❸ 여행자가 많이 찾는 그랑 베이, 플릭 엔 플락 등을 제외하면, 밤에 관광하기엔 심심하다. 다른 도시들은 해가 지면 사람 구경하기가 힘들 정도.
나이트 라이프를 즐기고 싶다면 여행자가 많이 찾는 그랑 베이와 플릭 엔 플락을, 늦은 시간 야식을 찾는다면 큰 쇼핑몰에 가보자.

❹ 모리셔스가 위험한 나라는 아니지만, 여행지에서는 항상 인적이 드문 곳은 주의하자. 여행자를 노리는 검은손은 어느 곳이나 존재한다. 여행자가 많이 모이는 지역이 아니라면 늦은 시간 돌아다니는 것을 삼가는 것이 좋다. 혹시 모를 일에 처했을 때 도움을 받기가 쉽지 않다.

알고 가면 좋은

모리셔스 주요 단어

모리셔스는 프랑스어, 영어, 크레올어를 같이 쓴다. 그래도 걱정할 필요는 없다. 많이 사용하는 단어만 알아도 여행이 한결 편해진다.

- 안녕하세요 Hi ▶ Alo 알로
- 감사합니다 Thank you ▶ Merci 메르시
- 죄송합니다 Sorry ▶ Sorry 소리
- 좋아요 Good ▶ Bon 봉
- 네 Yes ▶ Oui 위
- 아니오 No ▶ Non 농
- 뜨거운 Hot ▶ Chaud 쇼
- 차가운 Cold ▶ Frais 프레
- 맥주 Beer ▶ Bière 비에르
- 와인 Wine ▶ Vin 뱅
- 생선 Fish ▶ Poisson 푸아송
- 새우 Shrimp ▶ Crevette 크르벳
- 소고기 Beef ▶ Boeuf 뵈프
- 돼지고기 Polk ▶ Porc 포르
- 닭 Chicken ▶ Poulet 풀레
- 문어 Octopus ▶ Pieuvre 피외브르
- 감자 Potato ▶ Pomme de terre 폼 드 테르
- 빵 Bread ▶ Pain 팽
- 밥 Rice ▶ Riz 리
- 면 Noodle ▶ Mine 민

Mauritius By Area

모리셔스 지역별 가이드

Mauritius By Area

01

그랑 베이&북부

Grand Baie&North

여행자가 가장 많이 모이는 지역. 동부 지역이나 남부 지역에 비하면 한적한 맛은 떨어진다. 하지만 언제나 즐거움이 넘치는 곳이다. 눈부신 바다와 함께 놀거리, 볼거리, 먹을거리가 가득하다. 쇼핑몰부터 클럽까지 여행자가 원하는 것이 다 있다. 럭셔리 리조트부터 저렴한 숙소까지 다양한 숙소가 있어, 가족, 솔로, 허니문 등 다양한 여행에 두루 적합하다.

그랑 베이&북부

미 리 보 기

모리셔스에서 여행자가 가장 많이 찾는 지역으로, 쇼핑, 휴양, 관광 삼박자를 모두 갖춘 곳이다. 눈부신 바다부터 흥겨운 클럽까지, 여행자가 원하는 모든 게 있다. 모리셔스의 다른 지역에 비하면 붐비지만 그만큼 볼거리가 다양하다. 저렴한 호스텔부터 럭셔리 리조트까지 다양한 타입의 숙소가 마련돼 있다. 휴식과 여행, 숙박 모두 여행자가 원하는 대로 선택할 수 있다.

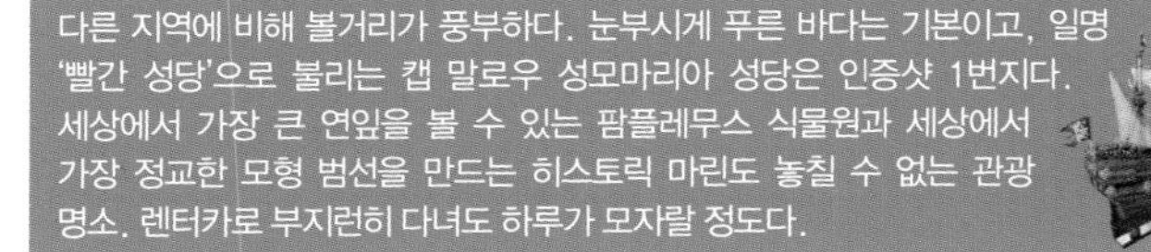

SEE

다른 지역에 비해 볼거리가 풍부하다. 눈부시게 푸른 바다는 기본이고, 일명 '빨간 성당'으로 불리는 캡 말로우 성모마리아 성당은 인증샷 1번지다. 세상에서 가장 큰 연잎을 볼 수 있는 팜플레무스 식물원과 세상에서 가장 정교한 모형 범선을 만드는 히스토릭 마린도 놓칠 수 없는 관광 명소. 렌터카로 부지런히 다녀도 하루가 모자랄 정도다.

EAT

모리셔스는 유러피언이 선호하는 휴양지! 그들의 입맛을 사로잡는 레스토랑이 몰려 있다. 유럽식 레스토랑에서도 서양 요리부터 크레올식 해산물 요리까지 취향에 맞게 선택할 수 있다. 한국인에게 친숙한 중국 요리와 비교적 저렴한 가격에 음식을 맛볼 수 있는 푸드 코트도 있다. 크레올 레스토랑 라 루가일의 전통 해산물 요리와 티 쿨루아르의 수제 부렛은 꼭 맛보자.

BUY

브랜드 쇼핑몰보다는 소소한 기념품과 특산품을 파는 가게가 많다. 그랑 베이 중심에 위치한 슈퍼 유는 여행자 맞춤 대형 마트로, 모리셔스 여행의 기념품과 간식 등을 살 수 있다. 그랑 베이 바자르에서는 모리셔스의 상징, 도도새 가방을 살 수 있다.

SLEEP

럭셔리 리조트부터 아파트형 숙소까지, 모리셔스에서 다양한 타입의 숙소가 몰려 있는 곳이다. 장기 여행자를 위한 저렴한 에어비앤비도 있다. 공을 들일수록 가성비 좋은 숙소를 얻을 수 있으니 부지런히 발품을 팔아보자. 렌터카가 없다면 그랑 베이 중심가에 숙소를 잡는 게 좋다. 그렇지 않다면 중심가에서 벗어나 숙소를 잡아도 괜찮다.

그랑 베이&북부

찾 아 가 기

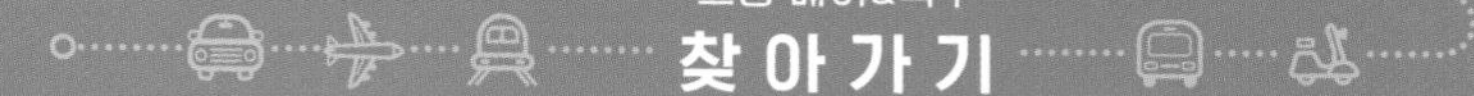

어떻게 갈까?

렌터카

공항에서 그랑 베이까지는 M2 도로를 이용한다. 포트 루이스를 지나 북쪽으로 계속 가면 된다. 포트 루이스와 그랑 베이의 이정표가 계속 있어 쉽게 찾아갈 수 있다. 또한, 가는 길이 단순하고 도로 상태가 좋으며, 차량도 적어 운전하기가 수월하다. 공항에서 그랑 베이까지는 1시간쯤 걸린다.

택시

그랑 베이까지는 버스보다 택시를 추천한다. 모리셔스 택시는 미터 요금을 적용하지 않는 경우가 많으므로, 출발 전 택시 기사와 흥정해야 한다. 그랑 베이까지는 1,500루피 정도. 공항을 벗어나면 1,000루피로도 흥정할 수 있으니 참고하자. 택시 이용 시 그랑 베이까지 1시간쯤 걸린다.

모리셔스의 택시

버스

한푼이 아쉬운 장기 배낭여행자나 짐이 적은 여행자에게만 권하는 교통수단이다. 버스는 공항에서 그랑 베이로 가는 교통편 중 가장 오래 걸린다. 공항에서 그랑 베이까지 버스 탑승 시간만 약 2시간이고, 중간에 환승도 해야 한다. 또한, 포트 루이스 환승 시 하차 정류장과 승차 정류장이 다르니 이용 시 도로명을 꼭 확인하자.

버스 이용 시

■ 공항 ~ 그랑 베이

198번 버스 → 포트 루이스Port Louis Deschart St.에서 하차

배차 간격 15분 | **소요 시간** 75분 | **운행 시간** 05:10~18:10 | **요금** 39루피

환승 포트 루이스 Immigration Square에서 215번 버스 → 그랑 베이Grand Baie Restaurant La Joncque에서 하차

배차 간격 30분 | **소요 시간** 30분 | **운행 시간** 07:05~17:00 | **요금** 12루피

또는 **환승** 포트 루이스 Hospice Pere laval이나 Plaine Verte에서 82번 버스 → 그랑 베이 Edward's Shop에서 하차

배차 간격 30분 | **소요 시간** 50분 | **운행 시간** 05:15~17:15 | **요금** 37루피

*모리셔스에서 버스 이용 시, 이용 전 반드시 사이트에서 시간을 확인하고 이용할 것!

어떻게 다닐까?

렌터카

그랑 베이 곳곳에 주차장이 있다. 특히, 비치와 관광지에는 모두 무료 주차장이 있어 편하다. 다만, 그랑 베이 시내 가장 복잡한 메인 삼거리에서는 주차장이 부족하니 참고할 것. 시내에서는 슈퍼 유 주차장을 이용하면 된다. 그랑 베이 시내는 모두 도보로 이동 가능하다.

택시

그랑 베이와 북부 주요 관광지는 택시를 대절해도 하루면 충분하다. 대절료는 하루에 3,500루피 정도 한다. 보통 택시 투어로 가는 여행지가 정해져 있지만 여행자가 원하는 곳으로 갈 수도 있다. 슈퍼 유 주차장에 있는 택시 스탠드에서 바로 신청 가능하다.

버스

대부분 그랑 베이 시내 메인 삼거리(그랑 베이 비치 입구 근처)에 있는 버스정류장에서 탑승할 수 있다. 포트 루이스에서 30분 간격으로 출발하는 215번 버스를 타면 북쪽으로 이어진 비치에 갈 수 있다. 히스토릭 마린(231번), 팜플레무스 식물원(95번) 등 주요 관광지까지 한번에 가는 버스도 있다.

▲ 슈퍼 유 주차장

그랑 베이&북부
Grand Baie&North
0
5km
Le Beach Club
뱅 뵈프 비치
Bain Boeuf Public Beach
캡 말로우 묘지
Cap Malheureux Cemetery
플랫섬 Île aux Flat, 가브리엘섬 Île aux Gabriel
시포인트 부티크 호텔
Seapoint Boutique Hotel
페레이베레 비치
Pereybere Public Beach
클럽 메드 라 푸앵트 오 캐노니에
Club Med La Pointe aux Canonniers
로얄 팜 비치콤버 럭셔리
Royal Palm Beachcomber Luxury
그랑 고브
Grand Gaube
몽 슈아지 비치
Mont Choisy Beach
그랑 베이 비치
Grand Baie Public Beach
그랑 베이 라 크로셋
Grand Baie La Croisette
Daruty Forest
트루 오 비슈 비치
Trou aux Biches Beach
모리셔스 어트랙션
Mauritius Attractions
히스토릭 마린
Historic Marine
앙브르섬
île d'Ambre
본 아주르 비치프런트 스위트&
펜트하우스 바이 러브
Bon Azur Beachfront Suites&
Penthouses by LOV
퐁 뒤 삭
Fond du Sac
굿랜즈
Goodlands
푸드르 도르
Poudre d'Or
코타주
Cottage
더 오베로이 모리셔스
The Oberoi Mauritius
터틀 베이
Turtle Bay
더 웨스틴 터틀 베이 리조트&스파
The Westin Turtle Bay Resort&Spa
설탕 박물관
L'Aventure du Sucre
힌두사원
Pointe des Lascars
Hindu Spiritual Park
리비에르 뒤 랑파르
Rivière du Rempart
팜플레무스 식물원
Sir Seewoosagur Ramgoolam Botanical Garden
더 어드레스 부티크 호텔
The Address Boutique Hotel
코코티에 호텔
Cocotiers Hotel
팜플레무스
Pamplemousses
벨 뷔 모렐
Belle Vue Maurel
브라 도 국립공원
Bras d'Eau National Park
브라 도 비치
Bras d'Eau Public Beach
포트 루이스
Port Louis
롱 마운틴
Long Mountain
A
B
C
D
E
F
B13
B36
A4
B38
M2
B15
B17
B11
B16
A6
B20
B21
A1

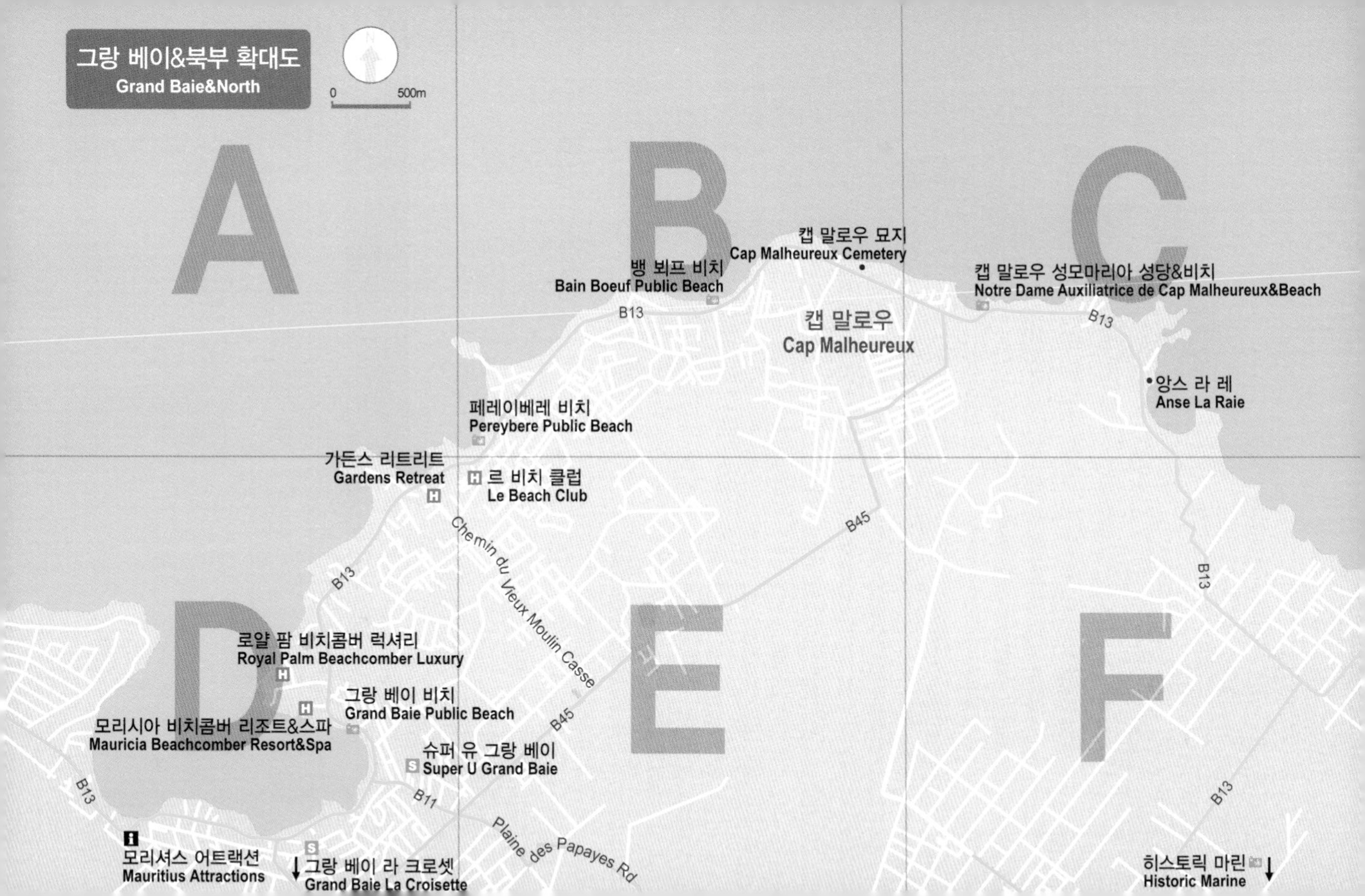

그랑 베이&북부 확대도
Grand Baie&North
0
500m
A
B
C
D
E
F
캡 말로우 묘지
Cap Malheureux Cemetery
뱅 뵈프 비치
Bain Boeuf Public Beach
캡 말로우 성모마리아 성당&비치
Notre Dame Auxiliatrice de Cap Malheureux&Beach
캡 말로우
Cap Malheureux
앙스 라 레
Anse La Raie
페레이베레 비치
Pereybere Public Beach
가든스 리트리트
Gardens Retreat
르 비치 클럽
Le Beach Club
Chemin du Vieux Moulin Casse
로얄 팜 비치콤버 럭셔리
Royal Palm Beachcomber Luxury
그랑 베이 비치
Grand Baie Public Beach
모리시아 비치콤버 리조트&스파
Mauricia Beachcomber Resort&Spa
슈퍼 유 그랑 베이
Super U Grand Baie
모리셔스 어트랙션
Mauritius Attractions
그랑 베이 라 크로셋
Grand Baie La Croisette
Plaine des Papayes Rd
히스토릭 마린
Historic Marine
B13
B45
B11

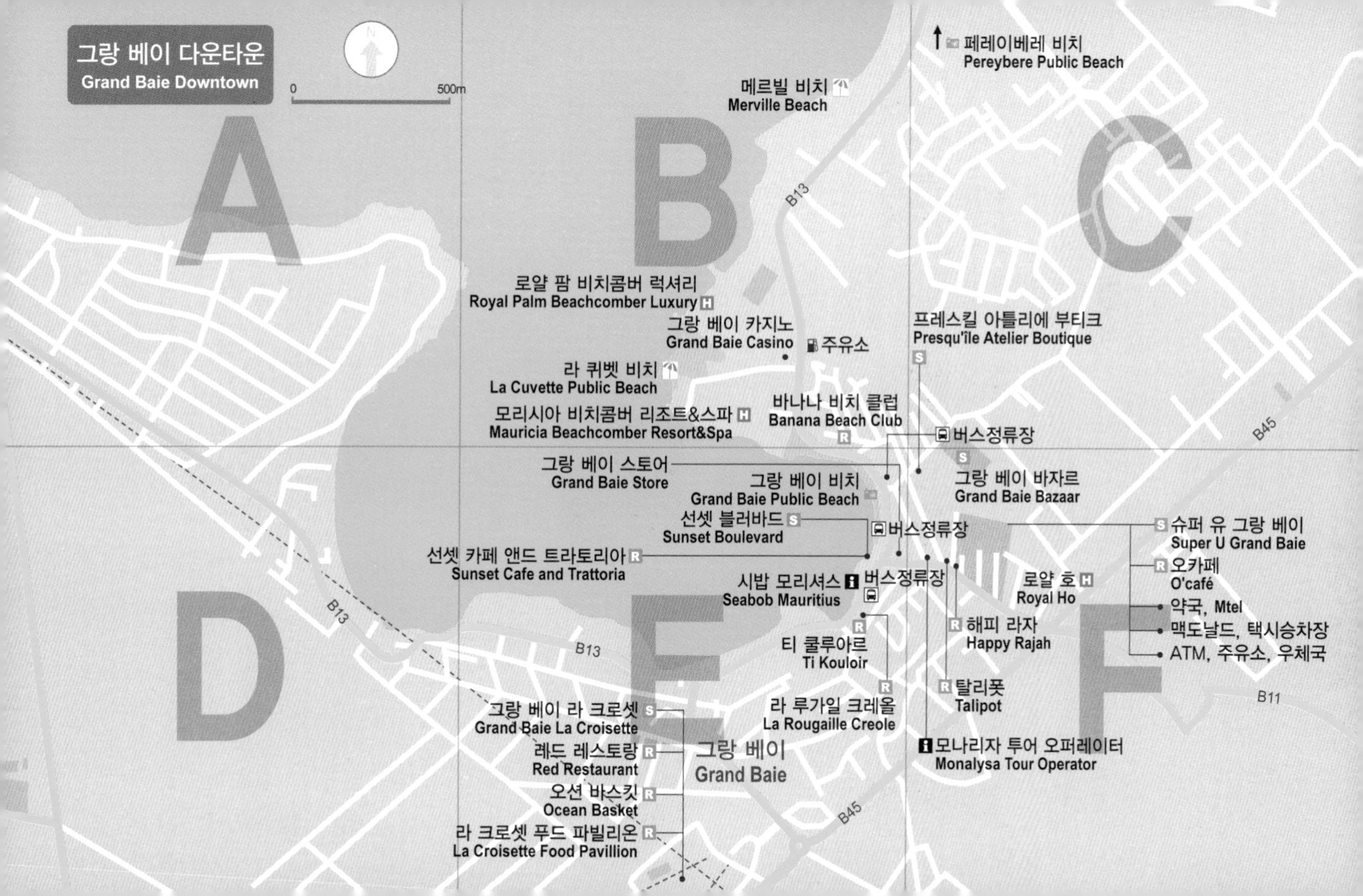

그랑 베이 다운타운
Grand Baie Downtown
0
500m
페레이베리 비치
Pereybere Public Beach
메르빌 비치
Merville Beach
B13
B45
B11
로얄 팜 비치콤버 럭셔리
Royal Palm Beachcomber Luxury
그랑 베이 카지노
Grand Baie Casino
주유소
라 퀴벳 비치
La Cuvette Public Beach
모리시아 비치콤버 리조트&스파
Mauricia Beachcomber Resort&Spa
바나나 비치 클럽
Banana Beach Club
프레스킬 아틀리에 부티크
Presqu'île Atelier Boutique
버스정류장
그랑 베이 바자르
Grand Baie Bazaar
그랑 베이 스토어
Grand Baie Store
그랑 베이 비치
Grand Baie Public Beach
선셋 블러바드
Sunset Boulevard
선셋 카페 앤드 트라토리아
Sunset Cafe and Trattoria
시밥 모리셔스
Seabob Mauritius
로얄 호
Royal Ho
해피 라자
Happy Rajah
탈리폿
Talipot
모나리자 투어 오퍼레이터
Monalysa Tour Operator
슈퍼 유 그랑 베이
Super U Grand Baie
오카페
O'café
약국, Mtel
맥도날드, 택시승차장
ATM, 주유소, 우체국
티 쿨루아르
Ti Kouloir
라 루가일 크레올
La Rougaille Creole
그랑 베이
Grand Baie
그랑 베이 라 크로셋
Grand Baie La Croisette
레드 레스토랑
Red Restaurant
오션 바스킷
Ocean Basket
라 크로셋 푸드 파빌리온
La Croisette Food Pavillion

2일 추천 코스

2일 일정이면 알차다. 하루는 그랑 베이 근교 관광지를 돌아본다. 또 하루는 그랑 베이 비치와 시내를 돌아보거나 북섬 투어를 다녀온다. 아이가 있는 가족 여행자에게도 적합한 일정이다.

1일차

그랑 베이 바자르 구경하기

도보 10분 →

슈퍼 유에 들러서 도시락과 간식 사기

차로 17분 →

히스토릭 마린에서 모형 범선 구경하기

차로 17분 ↓

팜플레무스 식물원에서 거대 연꽃 보고 도시락 먹기

← 차로 3분

설탕 박물관L'Aventure du Sucre에서 모리셔스 역사 탐험하기

← 차로 18분

트루 오 비슈 비치 걷기

차로 20분 ↓

캡 말로우 성모마리아 성당에서 인증샷 남기기

차로 2분 →

뱅 뵈프 비치에서 선셋 보기

2일차

북섬 카타마란
투어 참여하기

전용 차량으로
이동

숙소에서
휴식하기

렌터카로
이동

그랑 베이 비치에서
선셋 보기

차로 7분

라 크로셋 쇼핑몰에서
다이닝 즐기기

차로 10분

바나나 비치 클럽에서 칵테일
마시며 공연 보기

세상에서 가장 큰 연꽃을 만나다

팜플레무스 식물원

Sir Seewoosagur Ramgoolam Botanical Garden I Pamplemousses Botanical Garden

모리셔스 최대 규모의 식물원. 지구 남반구에서 가장 오래된 식물원으로 알려졌다. 정식 명칭은 Sir Seewoosagur Ramgoolam Botanical Garden으로, 모리셔스 초대 총리 이름에서 따왔다. 하지만, 팜플레무스 지역에 있어 팜플레무스 식물원이라고 부른다. 이 식물원은 1735년 프랑스 총독의 개인 정원에서 시작됐다. 모리셔스 토종 식물 가운데 특이한 종만 모아 번식시켰으나, 지금은 500여 종의 희귀종이 남아 있다.

반나절을 걸어도 다 못 볼 정도로 규모가 거대하다. 여러 개의 연못을 비롯해 모양도, 이름도 생소한 식물이 가득하다. 이곳에서 꼭 봐야 하는 것은 빅토리아 아마조니카Victoria Amazonica로 불리는 거대한 연꽃으로, 연잎이 무려 2m까지 자란다. 팜플레무스 식물원의 가장 진귀한 보물이다.

Data **지도** 103p-E
가는 법 그랑 베이에서 차로 15분 **주소** Pamplemousses Botanical Garden, Grand Baie
전화 +230-243-9401 **운영 시간** 08:30~17:30 **요금** 200루피 **홈페이지** ssrbg.govmu.org

빅토리아 아마조니카

|Talk|

시우사구르 람구람 박사Sir Seewoosagur Ramgoolam

인도 출신 독립운동가. 모리셔스를 영국으로부터 독립시킨 초대 총리다. 1985년 팜플레무스 식물원에서 그의 장례식을 치른 후 식물원 이름을 총리 이름을 따서 바꿨다. 초대 총리는 지금까지도 모리셔스 국민들에게 가장 존경 받는 인물이다. 팜플레무스 식물원을 비롯해 총리 이름을 딴 공항, 거리 이름도 많다.

모리셔스의 랜드마크

캡 말로우 성모마리아 성당&비치 Notre Dame Auxiliatrice de Cap Malheureux&Beach

빨간 지붕이 인상적인 성당. 모리셔스를 대표하는 랜드마크이자, 최고의 포토존이다. 이 성당은 모리셔스 북쪽 그랑 베이와 멀지 않은 곳에 있어 북부 여행 시 빼놓지 않고 찾는 관광 명소다. 해변에 자리한 캡 말로우 성당은 빨간 지붕과 바다가 어울려 그림 같은 풍경을 선사한다. 날씨가 좋은 날에는 커플샷, 웨딩샷, 스냅샷을 찍는 사람들로 가득하다. 사진 한 장 찍기 위해 줄을 서야 할 정도. 성당과 비치가 하얀 웨딩드레스와 아주 잘 어울린다.

허니문으로 왔다면 관광객이 적은 이른 아침에 셀프 웨딩 촬영을 해보자. 바닷가 성당은 언제 가도 아름다운 풍경을 약속한다. 낮에는 파란 하늘, 해 질 녘에는 보랏빛 하늘을 볼 수 있고, 밤에는 쏟아질 듯한 별빛 하늘을 볼 수 있다. 특이한 이름의 캡 말로우는 '가여운 곳'이란 뜻. 지금 성당이 있는 자리는 1810년 영국이 프랑스로부터 모리셔스를 빼앗기 위해 전쟁을 벌였던 곳으로, 캡 말로우라는 지명은 전쟁이 끝난 후 생겨났다.

Data 지도 104p-C

가는 법 그랑 베이에서 차로 10분 **주소** Cap Malheureux, Grand Baie

전화 +230-208-3068 **운영 시간** 24시간 **요금** 무료 **홈페이지** www.dioceseportlouis.org

정교함에 엄지 척!

히스토릭 마린 Historic Marine

세계 최고 수준의 기술을 자랑하는 모리셔스의 정교한 모형 범선은 모리셔스 여행 기념품 중 가장 인기가 많은 아이템. 히스토릭 마린은 모형 범선 완성품과 제작 과정을 직접 볼 수 있는 곳이다.

히스토릭 마린의 역사는 길지 않다. 1982년 범선의 매력에 푹 빠진 모리시안 3명이 모형 범선을 만들기 시작한 것이 시초다. 지금은 세계적인 모형 범선 제작 공장이 되었다. 히스토릭 마린에서는 유명한 범선의 실제 설계도를 놓고 작업하는 과정을 볼 수 있다. 설계도에 맞춰 만드는 모형 범선의 정교한 디테일에 입이 벌어진다. 범선 한 척을 만드는 데 걸리는 시간은 2~3개월. 오랜 제작 기간과 전문가의 손길을 필요로 하는 만큼 가격도 비싸다. 가장 비싼 범선은 28만 루피(약 1,000만 원)나 한다. 가장 인기 있는 범선은 1805년 트라팔가 해전에 참전한 영국 함대 빅토리 1765다. 그다음은 해양사에서 가장 유명한 선상 반란이 있었던 영국 해군 범선 바운티 1787이다. 모형 범선은 부피가 커 한국까지 가져오기 힘들다. 구입 전 신중히 생각해볼 것. 크기에 따라 한국으로 배송도 가능하다.

Data **지도** 103p-B, 104p-F
가는 법 그랑 베이 비치에서 차로 17분
주소 Z.I.Saint Antoine, Goodlands, Grand Baie
전화 +230-263-9404
운영 시간 월~금요일 09:00~17:00, 토·일·공휴일 09:00~12:00
요금 무료
홈페이지 historic-marine.com

히스토릭 마린의 모형 범선

모형 범선 제작 모습

사탕수수와 설탕에 얽힌 모리셔스의 역사

설탕 박물관 L'Aventure du Sucre

사탕수수로 설탕 만들던 공장을 개조해 박물관으로 만든 곳이다. 이곳은 1979년에 오픈해서 1999년까지 설탕 공장으로 운영됐다. 모리셔스 설탕은 세계 최고의 품질을 자랑하며 모리셔스 제1 수출품이다. 모리셔스는 현재도 국토의 80%가 사탕수수밭으로 이루어져 있다. 모리셔스 이민의 역사도 사탕수수와 무관하지 않다. 이런 역사적 배경 탓에 박물관은 설탕을 넘어 모리셔스 역사 전체를 알려주는 것 같다.

박물관에서는 설탕이 만들어지는 과정을 한눈에 알 수 있다. 실제 설탕 제조에 사용되었던 기계도 볼 수 있다. 또한, 유럽인의 정착과 사탕수수 농장 이주 노동자들의 생활상, 독립에 이르기까지 모리셔스의 모든 역사를 볼 수 있다. 다 둘러본 후에는 정제 방법에 따른 설탕을 맛볼 수 있다. 설탕의 모양, 맛, 색까지 그야말로 설탕의 신세계를 경험할 수 있다.

Data **지도** 103p-E
가는 법 팜플레무스 식물원에서 차로 3분
주소 Beau Plan B18, Pamplemousses, Grand Baie
전화 +230-243-7900
운영 시간 10:00~16:00
휴무 일요일
요금 성인 575루피, 6~18세 300루피
홈페이지 www.aventuredusucre.com

낮과 밤 모두 즐거운 최고의 해변

그랑 베이 비치 Grand Baie Public Beach

그랑 베이에는 모리셔스에서 여행자들이 가장 많이 찾는 그랑 베이 비치가 있다. 낮에는 액티비티와 투어 프로그램에 참가하거나 보트를 타는 여행자가 끊이지 않는다. 이곳에서 북섬 카타마란 투어, 세프섬 카타마란 투어를 비롯해 돌고래와 함께 수영하기 투어를 예약할 수 있다. 스쿠버 다이빙숍도 모여 있다. 액티비티를 좋아한다면 그랑 베이가 정답이다.
에메랄드빛 바다와 해변도 여행자의 마음을 사로잡는다. 비치의 빼곡한 나무 사이로 보이는 푸른 바다는 당장이라도 뛰어들고 싶게 한다. 해 질 녘의 선셋도 놓칠 수 없다. 또한, 해안가를 따라 펍과 클럽이 몰려 있어, 낮과 밤 모두 다른 매력을 뽐낸다. 그랑 베이 비치를 시작으로 북쪽의 비치가 줄지어 있다. 커다란 타월을 챙겨들고 하루쯤 비치 투어를 떠나보자.

Data **지도** 103p-B, 104p-D, 105p-E **가는 법** 포트 루이스에서 차로 25분, 그랑 베이 바자르에서 도보 5분
주소 Grand Baie Public Beach, Grand Baie **운영 시간** 24시간 **요금** 무료

PLUS 북섬 카타마란 투어

모리셔스 동쪽에 세프섬이 있다면 최북단에는 플랫섬과 가브리엘섬이 있다. 3섬 혹은 5섬 투어라고도 부르는 북섬 카타마란 투어는 세프섬 카타마란 투어에 버금가는 투어로 소문났다.
카타마란을 타고 북쪽 플랫섬과 가브리엘섬에서 스노클링과 식사를 하는 전일 투어다. 그랑 베이에서 오전에 출발한다. 플랫섬까지는 약 1시간 반 정도 걸린다. 투어에 참가하면 스노클링 장비와 구명조끼를 무료로 대여해주고, 식사와 술을 무제한으로 제공한다. 전체 투어 시간은 약 7시간, 비용은 2,000~2,400루피.

모나리자 투어 오퍼레이터
Monalysa Tour Operator

Data **지도** 105p-F
가는 법 그랑 베이 비치와 슈퍼 유 사이에 위치
주소 Route La Salette, Face Village Hall B11, Grand Baie
전화 +230-263-0991
운영 시간 08:00~17:00
홈페이지 www.monalysaholidays.com

해 질 녘에 더욱 진가를 발휘하는

뱅 뵈프 비치 Bain Boeuf Public Beach

모리셔스에서 선셋으로 유명한 비치들은 대부분 서부에 있지만, 현지인들에게 선셋이 가장 예쁜 비치가 어디냐고 물으면 북부의 뱅 뵈프 비치를 꼽는다. 뱅 뵈프 비치의 작은 주차장에 도착하면 해변에 늘어선 카수아리나 나무 사이로 에메랄드빛 바다와 거너스 코인섬Gunner's Quoin Island이 보인다. 바다는 하늘과의 경계를 지워버릴 만큼 맑고 투명하다. 가히 환상적인 풍경이다. 여행자로 북적이는 그랑 베이 비치와 달리 해변이 한적하고 고요해 더욱 아름답게 느껴진다.
뱅 뵈프 비치는 선셋 시간에 진가를 발휘한다. 실크처럼 부드러운 바다에 물드는 석양이 황홀하다. 다만, 비치가 좁고, 바닷속에 바위가 많아 수영하기에 적합하지 않은 점이 유일한 단점이다. 그래도 그림 같은 자연환경을 간직한 모리셔스의 매력을 느끼기에 충분한 해변이다. 주말이면 피크닉을 온 현지인들을 볼 수 있다.

Data **지도** 103p-B, 104p-B **가는 법** 캡 말로우 성당에서 차로 3분
주소 Bain Boeuf Public Beach, Cap Malheureux, Grand Baie **운영 시간** 24시간 **요금** 무료

'세계 최고의 비치' 대상 수상에 빛나는

트루 오 비슈 비치 Trou aux Biches Beach

여행자들로 북적거리는 그랑 베이 비치보다 한적한 곳을 찾는다면 이웃한 트루 오 비슈 비치에 가보자. 작은 어촌 마을이었던 곳이 지금은 비치를 따라 리조트와 숙소가 즐비한 곳으로 변했다. 투명한 바다와 2km에 이르는 해변, 야자수가 어우러진 덕에 2011년 월드 트래블 어워드World Travel Award에서 '세계 최고의 비치' 대상을 수상하기도 했다.

모리셔스 북부에서 가장 인기 있는 비치 가운데 하나다. 고급스러우면서도 한가한 휴식처를 찾는 사람들에게 추천한다.

Data 지도 103p-A
가는 법 그랑 베이에서 차로 15분
주소 Trou aux Biches Beach, Grand Baie
운영 시간 24시간
요금 무료

작지만 알차게 시간을 보내는

페레이베레 비치 Pereybere Public Beach

그랑 베이에서 차로 3분 거리에 위치한 아담한 비치다. 해변의 길이가 약 150m라 한눈에 비치를 조망할 수 있다. 주변에 저렴한 숙소가 밀집해 있다. 비치 앞에 레스토랑과 펍 등 여행자를 위한 편의시설이 있다. 이처럼 숙소와 편의시설이 함께 있어 작은 비치지만 사람들이 많이 찾는다.

여행자보다 현지인들의 해변 파티 장소로 더 인기다. 맑고 잔잔한 바다는 스노클링하기 좋지만 수심이 깊으니 유의하자.

Data 지도 103p-B, 104p-B, 105p-C
가는 법 그랑 베이에서 차로 3분
주소 Pereybere Public Beach, Grand Baie
운영 시간 24시간
요금 무료

정통 모리시안 해산물 레스토랑

라 루가일 크레올 La Rougaille Creole

자리에 앉으면 그날 잡아 올린 싱싱한 해산물을 테이블에 올려준다. 원하는 메뉴가 따로 있다면 그냥 돌려보내고, 보여준 해산물이 마음에 든다면 조리법을 묻고 주문하면 된다. 해산물과 조리법에 대해 스태프들이 하나하나 친절하게 설명해준다. 일반 메뉴도 게, 문어, 새우 등 해산물이 주를 이룬다. 모리셔스 전통 요리도 적당한 가격으로 맛볼 수 있어 그랑 베이에서 유명한 맛집이다. 인기 메뉴는 게나 새우, 문어 등 해산물이 들어간 크레올식 커리다.

건강한 맛의 문어 샐러드도 가볍게 먹기 좋다. 날음식을 즐긴다면 카르파초Carpaccio를 추천한다. 참치를 반만 익혀 오일과 레몬소스에 소금으로 간을 한다. 참치의 색다른 맛을 느낄 수 있다. 해산물 요리에 빠질 수 없는 와인과 럼 칵테일도 다양하게 준비되어 있다. 크리스마스나 새해처럼 관광객이 많은 날에는 예약이 꽉 찬다. 특별한 날 방문 예정이라면 예약을 하자.

Data 지도 105p-E
가는 법 그랑 베이 선셋 블러바드 옆에 위치 **주소** B13, Grand Baie
전화 +230-263-8449 **운영 시간** 12:00~14:30, 18:30~22:00 **가격** 메인 350루피~, 칵테일 125루피~
홈페이지 la-rougaille-creole.restaurant.mu

카르파초

가토 브레젤

소고기 스테이크

그랑 베이 라 크로셋의 다이닝 공간

레드 레스토랑 Red Restaurant

빨간색으로 포인트를 준 밝고 경쾌한 분위기의 레스토랑이다. 가벼운 식사를 하는 브런치부터 와인을 곁들인 저녁 식사까지 낮과 밤에 모두 어울리는 분위기다. 메뉴는 스테이크, 타르타르, 버거 등 소고기가 주재료인 유럽식 메뉴다. 오픈 키친이라 모든 조리 과정을 눈으로 확인할 수 있어 좋다. 유럽에서 공수한 와인도 많아 와인과 함께 하는 식사에 최고다.

레드 레스토랑은 그랑 베이 최고의 쇼핑몰 그랑 베이 라 크로셋 내에 있다. 야외 테이블 앞으로 쇼핑몰 광장이 펼쳐져 있는데, 저녁마다 화려한 조명을 비추는 시원한 분수를 볼 수 있어 식사를 마친 후 시간을 보내기도 좋다. 해피아워(오후 3~6시)에는 10% 할인해 준다.

Data 지도 105p-E
가는 법 그랑 베이 라 크로셋 내
주소 La Croisette, Grand Baie
전화 +230-269-7478
운영 시간 11:00~21:30
가격 스타터 350루피~, 스테이크 750루피~
홈페이지 www.redmauritius.com

이름처럼 '해피'한 인도 레스토랑

해피 라자 Happy Rajah

현지인들에게 인기 있는 외식 장소로, 정통 인도 요리가 주메뉴다. 맵고 향신료 향이 강해 자극적인 맛의 남인도 요리와 부드럽고 순한 맛의 북인도 요리를 모두 맛볼 수 있다. 메뉴가 70가지가 넘는데, 어떤 요리를 주문해도 실패하지 않는다.
쫀득쫀득하게 구워져 나온 난에 탱글탱글한 새우가 들어간 커리를 먹어도 좋고, 부드러운 살코기가 씹히는 치킨 티카도 맛있다. 포슬포슬한 밥에 치킨이 들어 있는 비리아니Biryani에 매콤한 칠리소스를 올려먹으면 어깨가 들썩일 정도. 채식주의자를 위한 메뉴도 다양하다. 사이트에서 해피 라자 애플리케이션을 다운 받으면 10% 할인쿠폰을 받을 수 있다. 슈퍼 유 입구에 있어 찾아가기 쉽다.

Data **지도** 105p-F
가는 법 슈퍼 유 그랑 베이에 위치
주소 Route Royale B11, Grand Baie
전화 +230-263-2241
운영 시간 11:30~14:00, 18:00~21:30
가격 스타터 120루피~, 메인 340루피~
홈페이지 www.happyrajah.com

선셋과 함께 하는 칵테일 한잔

선셋 카페 앤드 트라토리아 Sunset Cafe and Trattoria

이름처럼 선셋 시간이 가장 인기 있는 카페이다. 오전부터 영업하지만 방문하기 가장 좋은 시간은 해가 넘어가는 시간이다. 카페가 있는 자리가 그랑 베이 비치의 선셋을 볼 수 있는 명당이기 때문. 해 질 녘이면 투명한 바다 위에 떠 있는 돛단배 카타마란 위로 황혼이 내리며 아름다운 풍경을 선사한다.
조식과 런치, 디너 모두 다양한 유럽식 메뉴를 즐길 수 있다. 맥주나 칵테일 한 잔 시켜놓고 여유로운 시간을 즐기기 좋다. 포트 루이스 워터프런트에 있는 코단 몰Caudan Mall에도 분점이 있다.

Data 지도 105p-E
가는 법 그랑 베이 비치 초입에 위치
주소 Sunset Blvd. Royal Rd. Grand Baie
전화 +230-263-9602
운영 시간 10:30~19:00
가격 칵테일 255루피~, 메인 400루피~
홈페이지 sunset-cafe-grand-baie.restaurant.mu

낮에는 밥집, 밤에는 술집

탈리폿 Talipot

그랑 베이에서 현지 맛집을 찾는다면 탈리폿으로 가보자. 인심이 넉넉한 모리시안 아주머니의 손맛을 느낄 수 있다. 파라타, 돌 푸리 같은 모리셔스 길거리 음식부터 밥, 면, 커리까지 다양한 메뉴가 200루피를 넘지 않는다. 특히, 눈앞에서 직접 만드는 홈메이드 파라타와 돌 푸리는 저렴하면서 맛도 좋다.
점심부터 이른 저녁까지는 밥집, 밤에는 술집으로 운영된다. 칵테일과 맥주를 마음껏 마셔도 부담 없는 가격이 매력이다.

Data 지도 105p-F
가는 법 슈퍼 유 그랑 베이 옆
주소 Route La Salette B11, Grand Baie
전화 +230-269-0965
운영 시간 11:30~00:00
휴무 일요일
가격 스타터 75루피~, 식사 250루피~

휴양지에서 즐기는 파티

바나나 비치 클럽 Banana Beach Club

1994년부터 모리셔스를 대표해온 펍. 문을 열고 들어가면 거대한 고목이 서 있는 야외 펍이 펼쳐진다. 밤마다 파티가 벌어지고, 주말이나 휴일에는 DJ와 함께하는 댄스파티가 열린다. 재즈, 락 등 매일 장르가 다른 라이브 밴드의 연주도 볼 수 있다.

럼 베이스에 코코넛, 사탕수수, 패션푸르트를 믹스한 칵테일 등 이곳에서만 맛볼 수 있는 칵테일 메뉴도 많다. 바 겸 레스토랑으로 식사도 가능하다.

Data **지도** 105p-B
가는 법 그랑 베이 비치 건너편에 위치
주소 Route Royale, Grand Baie
전화 +230-263-0326
운영 시간 16:00~02:00
가격 칵테일, 위스키 200루피~
홈페이지 www.bananabeachclub.com

모리시안의 만둣국

티 쿨루아르 Ti Kouloir

레스토랑이라 부르기에 민망할 정도로 작고 허름한 음식점이다. 영어도 통하지 않고, 늘 분주하다. 하지만 모리셔스에서 꼭 들러야 할 맛집이다. 모리셔스식 만둣국 부렛이 유명하다. 슈슈가 들어간 야채 부렛, 어묵과 비슷한 생선 부렛 등 다양한 부렛을 맛볼 수 있다. 익숙한 치킨 육수에 파를 송송 썰어 넣은 것이 전부지만 입에 착 붙는 맛이다.

Data **지도** 105p-E
가는 법 그랑 베이 라 루가일 크로엘 레스토랑 옆
주소 School Lane, Grand Baie
전화 +230-263-5645
운영 시간 08:00~21:00
휴무 일요일
가격 개당 15~17루피

그랑 베이 최고의 푸드 코트

라 크로셋 푸드 파빌리온 La Croisette Food Pavillion

고급 레스토랑이 즐비한 그랑 베이 라 크로셋에서 저렴하고 맛있게 한 끼 식사를 즐길 수 있는 푸드 코트다. 양이 푸짐하고 한국인에도 잘 맞는 오리엔트 익스프레스Orient Express와 벨기에 간식을 맛볼 수 있는 르 코르네 드 프릿Le Cornet de Frites를 추천한다. 길에서는 선뜻 주문하지 못했던 부렛이나 가작 등 길거리 음식을 즐기기도 좋다.

Data **지도** 105p-E **가는 법** 그랑 베이 라 크로셋에 위치
주소 La Croisette, Grand Baie **전화** +230-209-2000
운영 시간 10:00~21:00 **홈페이지** www.gblc.mu

인도양의 해산물이 다 모였다

오션 바스킷 Ocean Basket

남아공에서 시작된 해산물 체인 레스토랑이다. 인도양에서 갓 잡아 올린 신선한 해산물 요리를 맛볼 수 있다. 모리셔스 전통 커리와 향신료가 들어간 음식이 좀 꺼려진다면 이곳을 추천한다. 다른 레스토랑에 비해 다소 비싸지만, 모던한 인테리어에 스시, 피쉬 앤 칩스 등 익숙한 요리를 먹을 수 있어 좋다. 그랑 베이 라 크로셋, 바가텔 몰 등 몇 곳에 매장이 있다. 점심시간부터 늦은 저녁까지 영업시간도 길어 이용하기 좋다.

Data **지도** 105p-E **가는 법** 그랑 베이 라 크로셋 내 **주소** La Croisette, Grand Baie
전화 +230-269-7888 **운영 시간** 11:30~21:00, 일요일 17:30~21:00 **가격** 스시 195루피~, 메인 300루피~ **홈페이지** www.mauritius.oceanbasket.com

인기 있는 모리셔스의 간식이 한자리에

오카페 O'café

가토 피망

슈퍼 유 앞에 자리한 체인 카페테리아다. 사모사, 가토 피망 같은 길거리 음식부터 디저트까지, 모리시안이 평소 즐겨먹는 간식을 맛볼 수 있다. 시장에서는 음식 이름이 무엇인지 알지도 못 한 채 사는 경우가 많다. 반면, 이곳은 친절하게 음식 이름까지 적어 놓아서 고르기 편하다. 시장에서 먹는 것에 비하면 맛은 덜하다. 하지만, 깔끔하게 포장해주고, 앉아서 쉬어 갈 수 있는 테이블이 있어 좋다.

Data **지도** 105p-F **가는 법** 슈퍼 유 그랑 베이 앞에 위치 **주소** La Salette Rd, B11, Grand Baie
전화 +230-263-0502 **운영 시간** 09:00~20:30

모리셔스 기념품을 살 수 있는

그랑 베이 바자르 Grand Baie Bazaar

보세 옷, 도도새 가방 등 흔히 볼 수 있는 기념품이 모여 있다. 여행자들은 딱히 살 게 없어도 한 번씩 구경삼아 들른다. 모리셔스는 섬유업으로 유명하다. 이곳에서 이국적인 느낌의 식탁보나 스카프 등을 사는 것도 괜찮다. 여행을 추억하는 간단한 기념품을 사기도 좋다.

그 외에 살 만한 물건은 딱히 없지만 다정한 목소리로 여행자를 부르는 상인들의 뛰어난 상술 덕에 무엇이든 사서 나오게 된다. 가격이 저렴한 만큼 품질이 좋지는 않다. 물품 구매 시 꼼꼼하게 확인해보자.

Data **지도** 105p-F
가는 법 그랑 베이 비치에서 도보 5분
주소 Grand Baie Bazaar, Grand Baie
전화 +230-5772-6615
운영 시간 월~토요일 09:00~17:00
휴무 일요일

트렌디한 쇼핑 거리

선셋 블러바드 Sunset Boulevard

그랑 베이 메인 도로에 위치한 쇼핑 거리. 작은 거리지만, 여유롭게 걸으면서 시간을 보내기 좋다. 모리셔스의 유명 패션 잡화 디자이너 숍이 모여 있다. 시호스 숍Seahorse Shop의 바다를 모티브로 한 소품은 집 꾸미기 좋아하는 여성들의 구매욕을 자극한다.

프랑스와 모리셔스에서 활동하는 디자이너 도미닉 드나이브Dominique Denaive의 하이패션 디자인숍도 있다. 하나쯤 갖고 싶은 모리셔스 공예품을 파는 수공예숍 마쿰바Macumba도 둘러보자.

Data **지도** 105p-E
가는 법 그랑 베이 메인도로에 위치
주소 Sunset Boulevard, Grand Baie
운영 시간 09:30~18:00 (일요일에 문 닫는 가게가 많으니 사전에 꼭 확인해볼 것)

여행자 맞춤형 슈퍼마켓

슈퍼 유 그랑 베이 Super U Grand Baie

여행의 즐거움 가운데 하나가 그 나라의 슈퍼마켓을 둘러보는 것이다. 각종 식자재부터 기념품까지 한자리에 모여 있어 즐겁게 쇼핑할 수 있다. 만약 숙소에서 음식을 해먹을 수 있다면 하루에도 몇 번씩 가게 된다.

정육과 채소, 각종 소스가 다양하게 구비되어 있다. 모리셔스가 유럽인들의 휴양지라 유럽에서 온 치즈나 살라미 등 가공식품도 저렴하게 살 수 있다. 각종 럼과 맥주도 구비되어 있어 술을 즐기는 사람에게도 추천한다. 식자재는 싼 편이다. 하지만, 기념품은 흥정할 수 있는 마켓보다는 비싼 편이다. 카메라, 약국, 통신사, 수영복, 모자와 의류 매장도 있어 여행 중 필요한 물건이 있다면 이곳에 들러보자. 그랑 베이 비치 쪽에 숙소를 잡았다면 도보로 갈 수 있다.

Data 지도 104p-D, 105p-F
가는 법 그랑 베이 비치에서 도보 4분
주소 La Salette Rd, B11, Grand Baie
전화 +230-263-0502
운영 시간 09:00~20:30
홈페이지 www.superu.mu

모리셔스 북부의 활기찬 쇼핑센터

그랑 베이 라 크로셋 Grand Baie La Croisette

모리셔스 북부에서 쇼핑을 한다면 이곳을 추천한다. 매장이 많지는 않지만, 모리셔스 로컬 브랜드와 아프리카 부티크 브랜드가 몰려 있는 고급스러우면서 활기찬 쇼핑몰이다.
고급 슈퍼마켓 푸드 러버스 마켓Food Lover's Market, 크리스탈 제이드 가든, 오션 바스킷, 레드 레스토랑 등 저녁 식사하기 좋은 레스토랑과 인기 있는 로컬 음식점이 입점해 있는 푸드 코트도 있다. 쇼핑몰은 영업이 일찍 끝난다. 하지만 입점한 레스토랑은 오후 10시까지 영업한다.

Data **지도** 103p-B, 104p-D, 105p-E
가는 법 그랑 베이 비치에서 차로 5분
주소 B45 Twenty-Foot Rd, Grand Baie
전화 +230-209-2000
운영 시간 월~목요일 09:30~19:30, 금·토요일 09:30~20:30, 일요일 09:30~16:00
홈페이지 www.gblc.mu

메이드인 모리셔스!

프레스킬 아틀리에 부티크 Presqu'île Atelier Boutique

모리셔스 특산품을 한자리에서 구매할 수 있는 곳이다. 설탕, 꿀, 잼, 비누, 바닐라 등 모리셔스에서 나는 천연 재료로 만든 건강한 제품을 판매한다. 방부제나 화학 성분을 전혀 첨가하지 않은 것들이다. 제품은 고급스럽게 포장되어 있어 선물하기도 좋다.
바닐라 향을 넣은 천연 소금, 크리미한 벌꿀 등 일반 기념품숍에서 찾기 힘든 아이템이 인기 있다.

Data **지도** 105p-F
가는 법 그랑 베이 바자르 가는 골목에 위치
주소 Bazaar Rd, Grand Baie
운영 시간 09:00~18:00
휴무 일요일

사치와 낭만을 누리는 리조트

로얄 팜 비치콤버 럭셔리 Royal Palm Beachcomber Luxury ★★★★★

모든 객실이 스위트룸으로, 럭셔리함이 넘친다. 주니어 스위트룸부터 펜트하우스, 로얄 스위트룸까지 넓은 객실에 분리된 거실 공간, 바다가 보이는 테라스가 있다. 몇 발자국만 걸으면 낭만 가득한 그랑 베이 비치에 닿는다.
비치콤버는 모리셔스 리조트 기업으로 한국인에게도 유명한 샨드라니, 트루 오 비슈 등 섬 각지에 8개의 리조트와 골프 코스를 운영하고 있다. 그중에서도 로얄 팜이 가장 럭셔리하며 평점이 좋다. 그랑 베이는 물론 인도양 국가 리조트를 대상으로 하는 베스트 리조트 상을 몇 년간 휩쓸었다. 모리셔스 스파 어워드에서 1등을 수상한 클라린스 스파도 유명하다. 롤스로이스 팬텀과 헬리콥터 이용도 가능하다(유료). 석식이 포함된 하프 보드 패키지도 있다.

Data **지도** 103p-B, 104p-D, 105p-B
가는 법 그랑 베이 비치에서 도보 10분 **주소** Royal Rd, Grand Baie
전화 +230-209-8300 **요금** 그랑 베이 스위트 650유로~, 주니어 스위트 750유로~
홈페이지 www.beachcomber-hotels.com

세련되고 분위기 있게!

시포인트 부티크 호텔 Seapoint Boutique Hotel ★★★★

그랑 베이 근처 푸앵트 오 캐노니에Pointe aux Cannoniers 비치에 위치한 부티크 호텔이다. 원목으로 제작된 가구와 감각적인 인테리어의 객실이 돋보인다. 아침 햇살이 비추면 산들거리는 커튼과 바다가 어우러져 테라스가 그림 같다. 리조트 구석구석 젊고 세련된 감각이 묻어나 이런 집에 살아보면 어떨까? 하고 꿈꾸게 된다.

바다와 맞닿은 인피니티 풀, 외지인이 거의 없어 고요하고 프라이빗한 바다도 좋다. 바다의 멋을 더욱 살려주는 비치의 캐노피, 자전거 대여, 스파 등 숙박료에 비해 좋은 서비스를 제공해 언제나 인기다. 노 키즈 존으로 만 12세 이상부터 숙박이 가능하다. 조식과 석식이 포함된 하프 보드 패키지가 있다. 1인부터 4인까지 인원별로 숙박 요금이 책정되어 있어 솔로 여행자도 실속 있게 숙박할 수 있다. 조식과 석식도 호텔을 닮아 세련되고 맛있다.

Data **지도** 103p-A
가는 법 그랑 베이에서 차로 7분
주소 Coastal Rd, Pointe Aux Canonniers, Grand Baie
전화 +230-209-1055 **요금** 디럭스룸 380유로~, 스위트룸 700유로~ **홈페이지** www.seapointboutiquehotel.com

아이도 엄마도 모두 편한 여행

모리시아 비치콤버 리조트&스파 Mauricia Beachcomber Resort&Spa ★★★★

그랑 베이 비치에 있는 편의시설 좋은 리조트다. 야자수로 둘러싸인 수영장과 비치가 있다. 지루할 때는 리조트 밖에 있는 펍, 레스토랑, 쇼핑몰로 가면 된다. 도보로 이동할 수 있다. 지중해 스타일의 커플 객실부터 아이가 있는 가족 객실까지, 다양한 룸 타입이 있다. 가장 인기가 있는 객실은 가족 여행자를 위한 2~3베드룸의 아파트형 객실이다.

리조트에 무료 키즈 클럽, 그리고 연령에 따른 다양한 액티비티와 각종 할인 혜택이 있다. 점심과 석식이 포함된 하프 보드와 올 인클루시브 패키지도 있다. 시즌에 따라 프로모션을 진행하니 예약 시 호텔 예약 사이트와 리조트 홈페이지를 비교해볼 것!

Data **지도** 104p-D, 105p-B
가는 법 그랑 베이 비치에 위치 **주소** Royal Rd, Grand Baie **전화** +230-209-1100
요금 스탠다드룸 270유로~, 아파트형 룸 420유로~ **홈페이지** www.beachcomber-hotels.com

파란 바다 앞, 하얀 저택

르 비치 클럽 Le Beach Club

긴 휴양을 보내기에 적합한 숙소이다. 2인실부터 4룸까지 다양한 인원을 충족하는 객실이 있다. 숙소 바로 앞에 깨끗한 페레이베레 비치가 있다. 3성급 숙소이지만 객실의 퀄리티가 좋다. 깔끔하게 관리도 잘 되고 있어 실속파 여행자에게 인기이다. 객실마다 뷰와 객실 구조, 객실 크기가 달라 객실을 고르며 구경하는 즐거움도 있다. 액티비티를 즐기는 커플여행, 구성원이 여러 명인 가족여행 누구에게나 편한 숙소이다.

Data **지도** 103p-B
가는 법 그랑 베이 비치에서 차로 3분 페레이베레 비치에 위치 **주소** B-13 Royal Road, Grand Baie
전화 +230 263 5104 **요금** 1베드룸 170유로~, 2베드룸 190유로~ **홈페이지** www.le-beachclub.com

그룹 여행자를 위한 가성비 최고의 호텔

본 아주르 비치프런트 스위트&펜트하우스 바이 러브 ★★★

Bon Azur Beachfront Suites&Penthouses by LOV

그룹 여행자에게는 가성비 최고의 숙소다. 트루 오 비슈 비치에 자리한 숙소로 커플이 묵을 수 있는 객실부터 10인이 머물 수 있는 펜트하우스까지 다양한 객실이 있다. 3성급 숙소지만 직원의 친절도, 위치, 객실의 퀄리티 등 만족도는 5성급 리조트와 맞먹는다. 2~4베드룸은 깔끔한 단독 하우스 형태다. 테라스에는 아름다운 인피니티 풀이 있다. 객실에 주방 시설이 완벽하게 구비되어 있어 가족 여행자에게도 적합하다.

Data **지도** 103p-A
가는 법 그랑 베이에서 차로 20분 **주소** Coastal Rd B38, Trou aux Biches, Grand Baie
전화 +230-265-5020 **요금** 3베드 스위트룸 227유로~, 4베드 스위트룸 262유로~ **홈페이지** www.innlov.com

북부의 인기 패밀리 객실

가든스 리트리트 Gardens Retreat ★★★

그랑 베이 비치 근처에 위치한 페레이베레 비치에서 도보로 5분 거리에 있다. 가족 객실이 유난히 많이 몰린 북부 리조트에서도 예약률이 가장 높다. 1~3베드룸으로 최대 6명까지 지낼 수 있다. 시설은 깔끔하고, 주방 시설도 구비되어 있다. 예쁜 정원과 작은 풀장이 있어 숙소에서 시간을 보내기 좋다. 바비큐 파티 시설도 갖추어져 있다. 집마다 예쁜 담장으로 독립적인 공간이 확보되어 내 집처럼 편안하게 보낼 수 있다. 조식 서비스는 없고, 익스커션 예약 서비스를 해준다.

Data 지도 104p-D
가는 법 그랑 베이 비치에서 차로 3분 **주소** Vieux Moulin Rd, Pereybere, Grand Baie
전화 +230-265-5261 **요금** 2인실 102유로, 4인실 153유로 **홈페이지** www.gardens-retreat.com

그랑 베이가 다 도보권!

로얄 호 Royal Ho

그랑 베이 비치에서 도보 10분 거리에 있는 저렴한 숙소다. 비치에서 살짝 벗어나 있지만 저렴하게 휴양과 관광을 모두 즐길 수 있다. 슈퍼 유 그랑 베이, 그랑 베이 바자르, 버스정류장, 레스토랑이 모두 도보권이다. 그랑 베이에서 며칠 저렴하게 묵으며 각종 익스커션을 하기 좋은 숙소다. 2~5인까지 사용 가능한 객실이 있다. 각각의 객실은 독립적이고, 주방이 있다. 인원수가 많을수록 저렴하게 이용할 수 있다. 쉬기 좋은 야외 수영장도 있다. 2박 이상 예약 가능.

Data 지도 105p-F
가는 법 슈퍼 유 그랑 베이에서 도보 7분 **주소** Chemin Vingt Pieds, Grand Baie
전화 +230-263-5412 **요금** 2인실 2박 150유로, 4인실 2박 170유로 **홈페이지** www.moonlai.com

Mauritius By Area

02

르 몽&남서부

Le Morne&Southwest

볼거리가 오밀조밀 몰려 있어 관광하기 좋은 곳이다. 렌터카나 택시로 하루만 관광을 한다면 이곳으로 가면 된다. 모리셔스의 가장 순수하고 아름다운 자연과 만날 수 있다. 특히, 르 몽의 아름다운 바다를 즐기는 일정은 필수다. 트레킹, 해양 레포츠, 카타마란 투어 등 액티비티를 즐기는 여행자에게 최고의 여행지다.

PC 5138 IL 08 LE MORNE

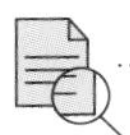

미리보기

모리셔스에서 자연이 가장 아름다운 곳이다. 섬의 대부분을 차지하는 초록빛은 우리가 알지 못했던 또 다른 모리셔스의 매력이다. 특히, 모리셔스의 상징 같은 르 몽 비치가 있다. 트레킹이나 해양 레포츠, 드라이빙 등 다양한 여행의 즐거움이 있다. 다만, 볼거리에 비해 편의시설은 조금 부족하다.

SEE

모리셔스 드라이빙 여행의 중심이다. 원시 계곡과 산을 볼 수 있는 고지 뷰포인트, 서부의 장엄한 바다를 볼 수 있는 마콘데와 르 몽&타마린 뷰포인트 등 차를 타고 가는 것만으로도 여행이 된다.

EAT

플릭 엔 플락을 제외하면 레스토랑이 귀하다. 플릭 엔 플락에 있는 레스토랑도 여행자를 위한 비슷한 메뉴가 전부다. 드라이브를 떠날 때는 간식을 챙기자. 운전을 하다 간혹 보이는 간이 레스토랑도 적극 이용하자. 장기 체류를 한다면 주방 시설이 있는 숙소를 추천한다.

SLEEP

르 몽 비치를 중심으로 4~5성급 대형 리조트가 모여 있다. 저렴한 숙소나 가족 여행자는 플릭 엔 플락이나 타마린에서 숙소를 잡자. 특히 플릭 엔 플락은 리조트부터 아파트형 호텔, 에어비앤비 등 다양한 숙소가 있다.

▲ 르 몽&타마린 뷰포인트에서 환상적인 풍경을 감상하자

찾아가기

어떻게 갈까?

렌터카

공항에서 서부 플릭 엔 플락까지는 1시간, 남부 르 몽까지는 1시간 20분이 걸린다. 플릭 엔 플락은 M2 자동차 전용 도로를 타고 간다. 르 몽으로 가는 길은 두 가지다. 남부의 해안을 따라 가거나 중부의 산을 넘어갈 수 있다. 도로 상태도 좋고, 차량이 많지 않아 운전은 편하다. 가는 길의 멋진 경관은 덤이다. 단, 늦은 밤에 도착했다면 길이 어두우니 주의할 것.

택시

공항 출국장을 나오면 택시 기사들이 호객 행위를 한다. 플릭 앤 플락은 2,500루피, 르 몽은 2,700루피 정도 한다. 미리 가격을 흥정하고 탑승하자.

버스

여행 일정이 긴 여행자, 짐이 적은 여행자에게만 권한다. 공항에서 르 몽까지는 약 2시간이 소요되고, 2번 환승한다. 플릭 엔 플락은 2시간 10분이 소요되고, 1번 환승한다. 환승 시 하차하는 곳과 승차하는 정류장이 다르니 항상 도로명을 확인하자.

버스 이용 시

■ 공항 ~ 르 몽

10번 버스 → 수이악Souillac Bain des Négresse에서 하차

배차 간격 20분 | **소요 시간** 50분 | **운행 시간** 05:30~18:00 | **요금** 50루피

환승 1 수이악에서 133번 버스 → 베이 뒤 캅Baie du Cap에서 하차

배차 간격 40분 | **소요 시간** 40분 | **운행 시간** 05:00~18:00 | **요금** 24루피

↓

환승 2 베이 뒤 캅에서 5번 버스 → 르 몽Le Morne Hotel Junction에서 하차

배차 간격 17분 | **소요 시간** 30분 | **운행 시간** 06:00~14:30 | **요금** 26루피

■ 공항 ~ 플릭 엔 플락

198번 버스 → 포트 루이스Port Louis Deschart St.에서 하차

배차 간격 15분 | **소요 시간** 75분 | **운행 시간** 05:10~18:10 | **요금** 37루피

환승 포트 루이스 Brabant St.에서 123번 버스 → 플릭 엔 플락Flic en Flac에서 하차

배차 간격 18분(휴일 30분) | **소요 시간** 45분 | **운행 시간** 05:15~18:15 | **요금** 36루피

어떻게 다닐까?

렌터카

드라이브로 여행하기 가장 좋은 곳이다. 플릭 엔 플락 비치와 르 몽 비치 외 관광지마다 무료 주차장이 있다. 르 몽 비치 쪽에 숙박한다면 리조트와 비치 외에는 도보로 갈 수 있는 곳이 많지 않다. 플릭 엔 플락은 비치가 길고 큰 마켓은 거리가 좀 있어 차량이 필요하다. 버스로 다니기도 적합하지 않다. 어디에 묵더라도 차가 필요하다.

택시

택시를 대절해 플릭 엔 플락, 블랙 리버 고지 국립공원, 르 몽을 지나 남부까지 관광할 수 있다. 1일 대절료는 약 3,500루피. 택시 투어나 여행사에서 소그룹으로 진행하는 1일 관광 상품은 인원에 따라 1,300~1,700루피로 이용할 수 있다. 택시 투어는 리조트에 문의하거나 근처의 택시 스탠드에서 기사에게 문의할 수 있다.

▲ 천혜의 자연환경과 함께 드라이브를 즐겨보자

르 몽&남서부

3일 추천 코스

하루만 돌아보기에는 아까운 지역이다. 3일 일정이면 휴양부터 관광까지 야무지게 즐길 수 있다. 하루는 중남부 드라이브 여행을 하고, 다음 날은 르 몽에서 액티비티를 즐긴다. 마지막 날은 타마린 앞 바다에서 돌고래와 수영하기 투어를 하면 딱 좋다.

남서부 드라이브 여행 코스 추천

1일차

부아 셰리 티 팩토리에서 차 시음하기

그랑 바신 둘러보기

알렉산드라 폴스 룩아웃 포인트에서 전망 즐기기

남서부 지역 드라이브 필수 코스 고지 뷰포인트 구경하기

르 몽&타마린 뷰포인트에서 르 몽과 타마린의 파노라마 풍경 감상하기

샤마렐 럼 공장 견학하기

르 몽 비치에서 해양 레포츠 즐기기

마콘데 전망대에서 풍경 즐기기

그리 그리에서 바닷바람 즐기기

2일차

차로 35분

차로 35분

르 몽 비치에서
카이트서핑 체험 or
르 몽 브라방 트레킹하기

카젤라 월드
오브 어드벤처스에서
사자와 놀기

르 몽 비치에서
선셋 즐기기

3일차

차로 15분

차로 15분

타마린 비치에서 돌고래와
수영하기 투어 참가하기

숙소에서
휴식하기

타마린 비치에서
선셋 즐기기

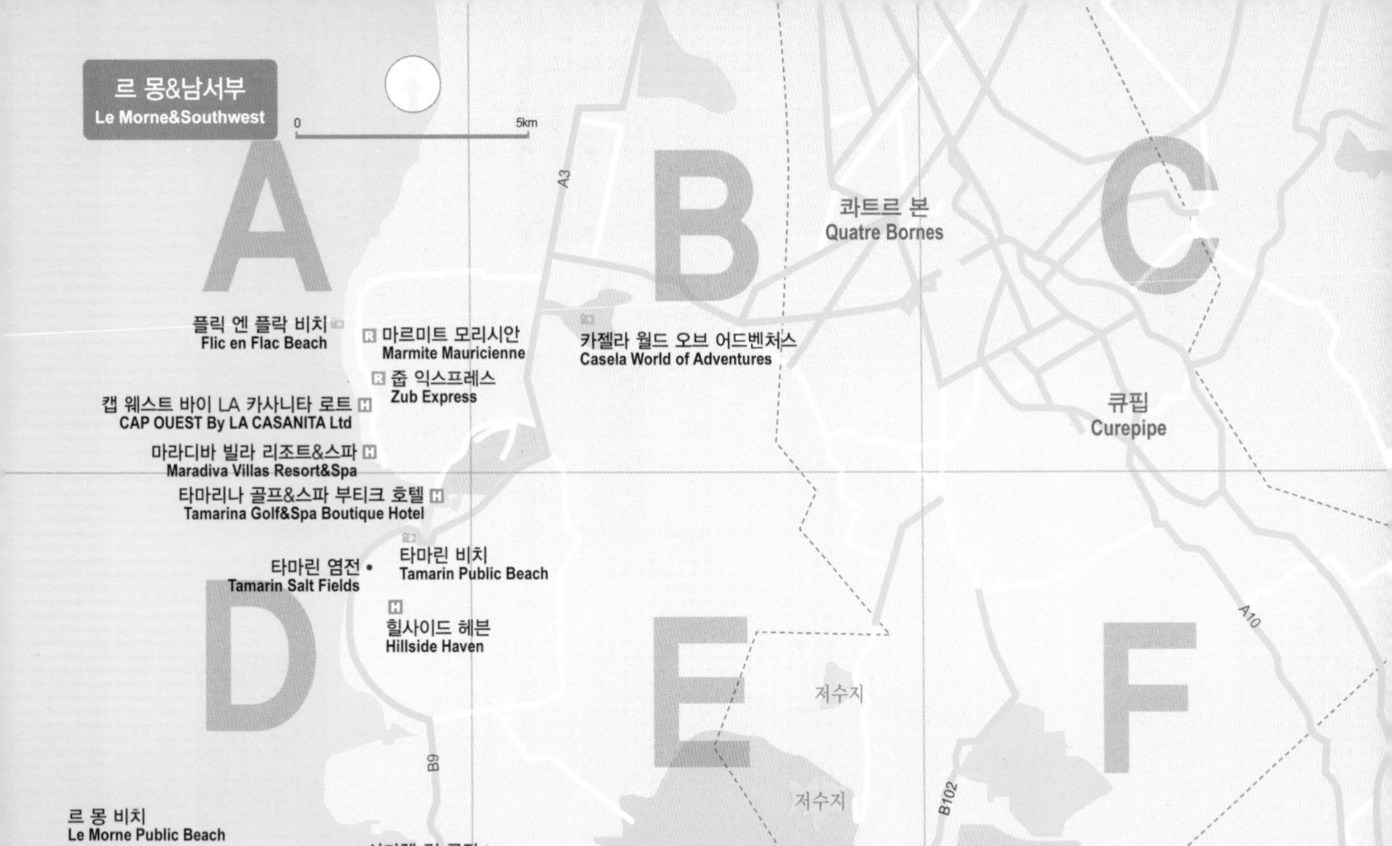

르 몽&남서부
Le Morne&Southwest
0
5km
A
B
C
D
E
F
A3
A10
A9
B9
B102
콰트르 본
Quatre Bornes
큐핍
Curepipe
플릭 엔 플락 비치
Flic en Flac Beach
마르미트 모리시안
Marmite Mauricienne
카젤라 월드 오브 어드벤처스
Casela World of Adventures
줍 익스프레스
Zub Express
캡 웨스트 바이 LA 카사니타 로트
CAP OUEST By LA CASANITA Ltd
마라디바 빌라 리조트&스파
Maradiva Villas Resort&Spa
타마리나 골프&스파 부티크 호텔
Tamarina Golf&Spa Boutique Hotel
타마린 비치
Tamarin Public Beach
타마린 염전
Tamarin Salt Fields
힐사이드 헤븐
Hillside Haven
저수지
저수지
르 몽 비치
Le Morne Public Beach
마 비 라
Ma Vie La
샤마렐 럼 공장
Le Rhumerie de Chamarel
랄쉬미스트
블랙 리버 고지 국립공원

베니티에섬
Île aux Benitiers
르 몽&타마린 뷰포인트
Le Morne&Tamarin Viewpoint
라카즈 샤마렐 익스클루시브 롯지
Lakaz Chamarel Exclusive Lodge
핑고 스튜디오
Pingo Studios
세븐 컬러드 어스
Seven Coloured Earth
샤마렐
Chamarel
샤마렐 폭포
Chamarel Waterfall
버스정류장
르 몽 브라방
Le Morne Brabant
Kite
Lagoon
르 몽 트레일 입구
Le Morne Trail Entrance
카이트서핑 스쿨
B9
B104
럭스 르 몽
LUX* Le Morne
마콘데
Macondé
호텔 리우 르 몽
Hotel Riu Le Morne
세인트 레지스 모리셔스 리조트
The St Regis Mauritius Resort
블랙 리버 피크 트레일 입구
Black River Peak Trail Entrance
고지 뷰포인트
Gorges Viewpoint
알렉산드라 폴스 룩아웃 포인트
Alexandra Falls Lookout Point
라카즈 샤마렐 익스클루시브 롯지
Lakaz Chamarel Exclusive Lodge
그랑 바신
Grand Bassin
부아 셰리
Bois Chéri
B88
르 부아 셰리 레스토랑
Le Bois Chéri Restaurant
버블 롯지 부아 셰리
Bubble Lodge Bois Chéri
부아 셰리 티 팩토리
Bois Chéri Tea Factory
A9
B89
로체스터 폭포
Rochester Falls
벨 옹브르
Bel Ombre
아웃리거 모리셔스 비치 리조트
Outrigger Mauritius Beach Resort
바닐라 국립공원
La Vanille Nature Park
수이악
Souillac
셰 로지
Chez Rosy
B9
그리 그리
Gris Gris
G
H
I
J
K
L

모리셔스의 어메이징한 랜드마크

르 몽 비치 Le Morne Public Beach

한국 허니무너에게 가장 인기 비치는 모리셔스 북부에 있는 그랑 베이 비치지만, 모리셔스를 대표하는 비치는 남서부에 위치한 르 몽 비치다. 모리셔스 관광 홍보용 사진에 항상 등장하는 수중 폭포가 바로 이 비치에 있다. 르 몽 비치의 연한 블루 컬러 바다는 바라만 봐도 감탄사가 절로 나온다.
특히, 액티비티를 즐기는 여행자라면 쉽게 르 몽 비치를 떠날 수 없을 것이다. 이곳은 일 년 내내 적당한 바람이 불어 서핑, 윈드서핑, 카이트서핑 등 다양한 해양 레포츠를 즐길 수 있다.
바다를 바라보며 우뚝 솟은 르 몽 브라방도 모리셔스에서 가장 인기 있는 트레킹 코스다. 유리알처럼 투명한 바다가 있는 낮과 석양이 물드는 저녁, 초롱초롱한 은하수가 흘러가는 밤까지 르 몽의 하루는 모든 순간이 완벽하다. 여기에 럭셔리 리조트와 호텔이 해변을 따라 들어서 있어 르 몽 비치는 연중 여행자가 몰린다. 특히, 주말은 현지인들까지 더해져 더욱 붐빈다.

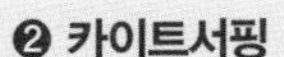
Data 지도 137p-G
가는 법 샤마렐에서 차로 20분 **주소** Le Morne Beach, Le Morne Brabant **운영 시간** 24시간 **요금** 무료

르 몽에서 꼭 해봐야 하는 **액티비티!**

❶ 르 몽 브라방 트레킹

수중 폭포가 내려다보이는 장엄한 풍경을 볼 수 있는 트레킹 코스. 왕복 약 4시간의 중급 코스로 운동화 착용과 생수는 필수 준비물이다. 정상부는 상당히 가파르지만 나머지 대부분은 편안하게 걸을 수 있다(063p).

❷ 카이트서핑

지금 모리셔스는 카이트서핑 열풍이 불고 있다. 한국에서는 접하기 힘든 레포츠인 만큼 마음이 끌리면 도전해볼 것! 자신도 모르던 또 다른 재능을 발견할 수도 있다(061p).

이게 정말 바다야? 비현실적인 풍경

베니티에섬(일 로 베니티에) Île aux Benitiers

남서쪽에 위치한 섬, 베니티에섬은 르 몽 브라방이나 르 몽&타마린 뷰포인트에서 보이는 초승달 모양의 무인도다. 돌고래와 함께 수영하기 투어가 진행되는 섬으로, 타마린, 플릭 엔 플락, 르 몽 비치에서 스피드 보트나 카타마란으로 쉽게 갈 수 있다. 베니티에는 '큰 조개'라는 뜻으로, 베니티에섬 앞에 있는 작고 예쁜 바위에서 따왔다. 이 바위는 크리스탈 록Crystal Rock이라는 애칭으로 불린다.

길이 약 2km의 베니티에섬은 별로 볼게 없다. 다만 섬에서 크리스탈 록까지 이어진 얕고 투명한 바다 빛깔이 예술이다. 보통 스피드 보트로 15분 거리의 타마린에서 투어로 많이 방문한다. 타마린 비치와 플릭 엔 플락 숙소에서 운영하는 셔틀을 이용하는 방법도 있다.

Data 지도 137p-G

가는 법 르 몽 혹은 타마린에서 스피드 보트로 15분 소요 **주소** Île aux Benitiers

Tip 돌고래와 수영하기 투어

2시간 정도 돌고래만 보는 짧은 투어와 베니티에섬과 크리스탈 록을 거쳐가면서 스노클링을 하고 점심 식사를 하는 종일 투어 2가지가 있다. 종일 투어가 가성비가 좋다. 예약하는 곳에 따라 픽업 차량 이동 시간과 보트 타는 시간이 다르다. 플릭 엔 플락과 타마린에서 출발하는 투어가 보트 타는 시간이 가장 짧다. 임산부, 노약자는 투어를 할 수 없다. 대신 돌고래 카타마란 투어는 가능하다.

Data 짧은 투어 27~32유로, 종일 투어 39~45유로

크리스탈 록

트레킹도 좋고, 드라이브도 좋고!

블랙 리버 고지 국립공원 Black River Gorges National Park

블랙 리버 고지 국립공원은 모리셔스에서 가장 큰 국립공원이다. 섬 전체 면적의 2%를 차지한다. 모리셔스에서 가장 많은 토종 식물이 자라며, 무성한 열대 우림으로 이루어졌다. 또 고지대에 자리해 항상 상쾌하고 서늘한 기온을 유지한다.

국립공원의 정상 블랙 리버 피크의 높이는 모리셔스에서 가장 높은 828m. 국립공원에는 멸종 위기에 처한 과일박쥐Giant Fruit Bats, 분홍비둘기Pink Pigeon 등 9종의 희귀 조류가 서식하고 있다. 이들 희귀 조류를 보호하기 위해 1994년부터 생태 보호 구역으로 지정했다. 블랙 리버 고지 국립공원은 모리셔스에서 가장 인기 있는 트레킹 지역으로, 공원 안에는 60km의 등산로가 있다. 산 아래부터 시작하는 7~8시간 코스, 산의 2/3 지점부터 시작해 블랙 리버 피크 정상까지 오르는 코스 등 다양하다. 트레킹이 부담스럽다면 몇 곳의 뷰포인트에서 풍경만 감상해도 좋다.

Data 지도 136p-E

가는 법 샤마렐에서 차로 12분, 그랑 바신에서 차로 12분 **주소** Black River Gorges National Park
전화 +230-464-4053 **운영 시간** 공원 안내소 07:00~15:00, 공원 24시간 **요금** 무료
홈페이지 npcs.govmu.org

블랙 리버 고지 국립공원 추천 뷰포인트

블랙 리버 고지 국립공원 안에는 뷰포인트가 모여있다. 주차장에 차를 세우면 바로 근사한 뷰가 펼쳐져 트레킹을 즐기지 않는 여행자에게도 여행의 기쁨을 선사하는 곳이다.

고지 뷰포인트
Gorges Viewpoint

블랙 리버 고지 국립공원 안에 있는 뷰포인트. 맑은 날에는 깊은 계곡 너머 바다까지 보인다. 이곳에서 국립공원 정상 블랙 리버 피크로 가는 트레킹 코스가 있다. 모리셔스 남서부 드라이브 여행의 필수 코스다.

블랙 리버 피크
Black River Peak

블랙 리버 피크 트레킹은 고지 뷰포인트에서 시작한다. 이곳에서 정상까지는 왕복 3~4시간 걸린다. 난이도가 높지 않아 초급자도 갈 수 있다. 트레일 입구는 고지 뷰포인트 주차장에서 300m 떨어져 있다.

알렉산드라 폴스 룩아웃 포인트
Alexandra Falls Lookout Point

고지 뷰포인트에서 차로 5분 거리다. 고지 뷰포인트보다 낮은 곳에 있지만 전망은 뒤지지 않는다. 피크닉 장소로도 사랑받는다. 고지 뷰포인트와 함께 둘러보기 좋다.

르 몽&타마린 뷰포인트
Le Morne&Tamarin Viewpoint

고지 뷰포인트에서 샤마렐 가는 길에 있다. 이름처럼 르 몽과 타마린이 펼쳐진 광경을 볼 수 있다. 작은 길가의 전망대다. 하지만 전망은 여느 뷰포인트에 결코 뒤지지 않는다. 특히, 해 질 무렵이 아름답다.

모리셔스에서 느끼는 아프리카!

카젤라 월드 오브 어드벤처스 Casela World of Adventures

모리셔스는 아프리카에 포함된 나라지만 모리셔스에서 아프리카를 느끼기는 힘들다. 그러나 카젤라 월드 오브 어드벤처스에 가면 여기도 아프리카라는 것을 실감하게 된다. 사자, 기린, 사슴, 코뿔소, 얼룩말 등 아프리카에 서식하는 동물들을 가까이서 볼 수 있고, 다양한 방법으로 사파리를 즐길 수 있다. 사륜 오토바이ATV를 타고 다니며 야생 동물을 만날 수도 있고, 지프를 타고 맹수 우리를 누빌 수도 있다. 또 집라인을 타고 하늘에서 내려다볼 수도 있다.
가장 인기 있는 것은 사자와 함께 하는 투어다. 가이드와 함께 사자를 만져보거나 같이 산책을 한다. 사자 우리 안으로 들어갈 때는 긴장되지만 안심해도 된다. 이곳의 사자는 잘 훈련되어 있어 사람을 해치지 않는다. 오히려 사자와 교감을 나눈 시간은 오래도록 모리셔스의 추억으로 남는다. 관람료는 액티비티와 투어에 따라 다르다. 사이트에서 미리 예약하면 트럭 투어 웨이팅이 없다.

Data 지도 136p-B
가는 법 플릭 엔 플락 비치에서 차로 10분 **주소** Royal Rd, Cascavelle
전화 +230-401-6500 **운영 시간** 09:00~17:00 **휴무** 12/25, 1/1 **요금** 성인 1,100루피, 3~12세 880루피
홈페이지 www.caselapark.com

INSIDE

카젤라 월드 오브 어드벤처스 인기 액티비티

사자와 산책하기 Walk with Lions

사자와 산책하기

모리셔스에서 가장 강렬한 기억을 선사해줄 액티비티다. 사자와 함께 숲을 거닐어본다. 투어 시간은 30분이고, 오전 9시 15분부터 1시간 간격으로 예약할 수 있다. 15세 이상, 키 150cm 이상부터 투어에 참가할 수 있다. 또한, 영어로 간단하게 의사소통을 할 수 있어야 한다. 투어를 시작하기 전 진행하는 안전 브리핑을 잘 숙지할 것! 요금은 3,750루피.

사자 만져보기 Interaction with Lions

사자 만져보기

사자와 산책하기와 함께 인기 있는 액티비티다. 사자를 만져보며 교감하고, 기념사진을 찍을 수 있다. 투어는 오전 9시부터 오후 4시까지 30분 단위로 예약할 수 있다. 투어 소요 시간은 20분. 투어 자격은 신체 조건과 영어 능력은 사자와 산책하기와 동일하다. 요금은 1인 1,000루피.

사륜 오토바이 투어 Safari Quad Tour

사륜 오토바이 투어

사륜 오토바이ATV를 타고 얼룩말, 타조, 영양 등 초식동물이 사는 초원을 달리는 투어. 한 대에 2인까지 탑승할 수 있다. 투어는 1시간과 2시간 코스가 있다. 1시간 코스는 10:00~15:30분까지 2시간 간격으로, 2시간 코스는 1일 2회(09:30, 14:30) 진행된다. 투어 자격은 키 135cm 이상으로, 운전자는 만 16세 이상, 탑승자는 12세 이상이어야 한다. 요금은 1시간 1인용 2,500루피, 2인용 3,500루피다.

집라인 Zip Line

집라인

울창한 밀림과 계곡을 집라인으로 탐험할 수 있다. 약 400m 거리의 밀림 위를 아찔한 속도로 내려간다. 6세 이상, 113kg 이하면 이용할 수 있다. 요금은 1,200루피.

기타 액티비티

기타 액티비티

기린 먹이주기 350루피, 아기 동물 농장 110루피, 맹수 구역 사파리 투어 400루피.

Tip 입장료만 내면 액티비티를 제외한 사파리 차량 탑승과 동물 관람은 무료다. 또한, 공원 안에 식사할 수 있는 저렴한 카페테리아가 있다.

성스러운 힌두사원

그랑 바신 Grand Bassin I Ganga Talao

인도계가 68%를 차지하는 모리셔스에서는 크고 작은 힌두사원을 자주 볼 수 있다. 그중 힌두교인들이 가장 성스럽게 여기는 곳은 그랑 바신이다. 이 사원은 인도에서 이주한 힌도교도에게 고향에 대한 향수와 타향살이의 어려움을 달래는 마음의 뿌리 같은 곳이다. 그랑 바신은 '갠지스의 호수'라는 뜻의 강가 탈라오 Ganga Talao라고도 한다. 힌두교인들은 그랑 바신 호수와 갠지스 강물이 서로 통한다고 믿는다.

사원에는 33m 높이의 거대한 시바 동상을 비롯해 가네시, 하누만 등 힌두교의 여러 신을 볼 수 있다. 신 앞에서 기도를 하거나 성수를 뜨는 등 힌두교인들의 경건한 모습을 볼 수 있다. 의복의 제한은 없으나 단정한 몸가짐으로 방문하자. 부아 셰리 티 팩토리와 블랙 리버 고지 국립공원과 함께 여행 일정을 짜면 좋다.

Data 지도 137p-I
가는 법 부아 셰리 티 팩토리에서 차로 7분
주소 Hanuman Mandhir Path, Grand Bassin **운영 시간** 24시간
요금 무료 **홈페이지** www.facebook.com/Gangatalao

Tip 모리셔스 주요 축제이자 힌두교 최대 축제 마하 시바라트리Maha Shivaratri가 매년 2~3월에 그랑 바신에서 열린다. 이날에는 자신이 사는 집부터 그랑 바신까지 맨발로 걸어 순례를 온다. 모리셔스는 물론 아프리카에 사는 인도인들도 참가한다.

초록빛 향기, 홍차 한잔의 여유

부아 셰리 티 팩토리 Bois Chéri Tea Factory

토질이 좋은 모리셔스는 홍차 생산지로도 유명하다. 모리셔스의 홍차 중 가장 긴 역사를 가진 브랜드가 부아 셰리다. 부아 셰리 티 팩토리에서는 차밭이 드넓게 펼쳐진 농장을 둘러보고 박물관에서 홍차 생산 과정도 볼 수 있다. 또한, 부아 셰리에서 생산되는 차 시음도 가능하다.

홍차 맛도 좋지만 차를 시음하는 레스토랑이 특히 매력적이다. 층층이 펼쳐진 초록빛 차밭과 레스토랑 앞에 펼쳐진 큰 연못, 그 주변을 서성이는 야생 사슴을 볼 수 있다. 부아 셰리에서 생산되는 차는 클래식한 홍차부터 캐러멜, 열대 과일 등 가향 홍차까지 종류만 10가지가 넘는다. 그중 스리랑카 실론과 남아프리카 바닐라, 부아 셰리의 찻잎을 혼합해 만든 바닐라 티가 가장 유명하다. 홍차 특유의 떫고 씁쓸한 맛이 없어 차 입문자에게 좋다. 차 시음 후 구매도 가능하다.

Data **지도** 137p-I
가는 법 그랑 바신에서 차로 5분
주소 Bois Chéri Rd, Bois Chéri
전화 +230-617-9109
운영 시간 09:00~17:00
휴무 일요일
요금 차 시음 250루피
홈페이지 www.saintaubin.mu

홍차밭

서부의 중심지

플릭 엔 플락 비치 Flic en Flac Beach

북부 최고의 관광지가 그랑 베이라면, 서부 최고의 관광지는 플릭 엔 플락이다. 럭셔리 리조트부터 게스트하우스까지 다양한 타입의 숙소가 있어 여행자가 몰려든다. 주말에는 현지인까지 합세해 해변이 혼잡하다.

플릭 엔 플락 비치는 모리셔스의 많은 바다 가운데서도 특징이 뚜렷하다. 100% 관광지로 개발된 곳이라 바다가 아름다운 것은 기본이고, 곱고 깨끗한 모래와 긴 해안선이 있다. 또, 야생 돌고래가 출몰한다. 매일 저녁이면 바다 정면으로 황금빛 석양이 진다.

플릭 엔 플락에 여행자들이 몰리는 이유가 또 있다. 북부와 중부로 가기 좋은 위치이기 때문이다. 플릭 엔 플락에는 레스토랑과 슈퍼마켓 등 편의시설이 많다.

Data 지도 136p-A
가는 법 포트 루이스에서 40분 소요, 플릭 엔 플락에서 차로 5분
주소 Coastal Rd, Flic en Flac
운영 시간 24시간
요금 무료

Tip 플릭 엔 플락 비치, 타마린 비치, 르 몽 비치 등 서부의 비치는 장기간 머무는 유러피언 여행자가 선호해, 동네마다 하나씩 스파르Spar 같은 중간 규모의 슈퍼마켓이 있다. 대부분 유럽 여행자를 위한 제품이 많다.

모리시안의 여유로움이 가득한 곳

타마린 비치 Tamarin Public Beach

타마린 비치는 물빛 고운 다른 비치에 비하면 바다 빛깔이 크게 매력적이지는 않다. 하지만 다른 이유로 여행자들이 즐겨 찾는다. 그중 한 가지가 끝없이 밀려오는 파도다. 이 때문에 서핑을 즐기는 서퍼들이 즐겨 찾는다. 또, 넓고 고운 모래사장은 모리시안의 비치 피크닉 장소로 사랑받는다. 아침마다 돌고래 떼가 몰려와 돌고래와 수영하는 스노클링 투어도 인기 만점이다.

블랙 리버 협곡이 병풍처럼 둘러싼 가운데 두 개의 강물이 만나는 풍경도 아름답다. 노을이 곱게 물드는 날이면 더욱 황홀해진다. 동부에 비해 겨울(6~8월)에도 바람이 덜하고, 수온도 높은 편이다. 단, 수심이 깊으니 바다를 즐길 때 주의할 것!

Data **지도** 136p-D
가는 법 플릭 엔 플락에서 차로 20분
주소 Tamarin Public Beach
운영 시간 24시간
요금 무료

Data **타마린 베이 서프 스쿨**
Tamarin Bay Surf School and Surf Trips
운영 시간 09:00~17:00
요금 초급자 강습 800루피
중급자 강습 1,000루피,
보드 렌트 400루피
(*1~2시간 교육 후 셀프 서핑)
홈페이지 www.facebook.com/surfmauritius

Tip 타마린은 서핑 스쿨이 많아 저렴하게 장기 숙박하는 여행자들이 많이 묵는 곳이다. 서핑 여행을 계획한다면 타마린에 묵는 것도 좋은 방법이다.

남부 최고의 명장면

그리 그리 Gris Gris

섬의 가장 남쪽에 있는 작은 마을 수이악Souillac의 바닷가 절벽이다. 모리셔스의 바다는 산호초가 형성되어 비교적 잔잔한 바다 컨디션을 유지하지만 남부의 바다는 예외다. 이곳은 파도를 막아주는 산호초가 없고, 인도양에서 연중 드센 무역풍이 불어온다. 이런 이유 때문에 남부의 비치는 대부분 거칠다. 그 거친 파도가 만든 것 가운데 하나가 그리 그리다.

그리 그리에서는 커다란 파도가 쉼 없이 몰려와 바위를 때리는 바람 소리를 들을 수 있다. 그 모습은 보기만 해도 시원하다. 파도가 덮치는 바닷가에는 '울고 있는 바위Roche Qui Pleure'라 이름 붙은 사람 형상의 바위가 있으니 찾아보자. 바다가 거칠어 바다에 들어가는 것은 금지다. 해변 바로 앞에 크레올 유명 맛집 셰 로지Chez Rosy가 있다.

Data 지도 137p-L
가는 법 르 몽에서 차로 40분
주소 Gris Gris
운영 시간 24시간
요금 무료

인도양의 달콤한 향기

마콘데 Macondé

서부에서 남부로 바닷길을 따라 달리다 보면 둥글게 굽이진 특이한 지형을 만나게 된다. 화산 폭발로 흘러내린 용암이 바닷물에 닿아 식으면서 만들어진 지형이다. 이곳에는 야트막하지만 조망이 아주 좋은 전망대가 있다. 굽이진 도로와 탁 트인 바다가 어울려 근사한 풍경을 연출한다. 다만, 주차장은 따로 없다. 길가에 주차해야 하니 주의하자. 르 몽 비치에서 가깝다.

Data 지도 137p-G
가는 법 르 몽에서 차로 10분
주소 B9, Macondé
운영 시간 24시간
요금 무료

사진작가들의 출사 포인트

로체스터 폭포 Rochester Falls

샤마렐 폭포와 함께 사람들의 발길이 잦은 폭포 중 한 곳이다. 크기는 샤마렐 폭포에 비해 작다. 하지만 직사각형 바위를 차곡차곡 쌓아놓은 형상에서 폭포가 떨어지는 모습이 인상적이라 많은 사진작가들이 즐겨 찾는다.

그리 그리가 있는 남부 수이악에서 가깝다. 모기가 많으니 모기약을 준비할 것. 또, 가는 길이 비포장도로라 험하다. 주차장도 따로 없어 숲길에 주차해야 한다.

Data 지도 137p-L
가는 법 그리 그리에서 차로 12분
주소 A9, Rochester Falls
운영 시간 24시간
요금 무료

샤마렐 Chamarel

샤마렐은 리비에르 누아르Rivière Noire에 위치한 마을이다. 블랙 리버 고지에서 언덕으로 굽이굽이 이어진 이곳은 토양이 비옥해 숲이 무성하다. 또 모리셔스에서 가장 품질 좋은 사탕수수가 재배된다. 사탕수수를 제조하는 샤마렐 럼 공장Le Rhumerie de Chamarel과 화산 폭발로 생겨난 특이한 지역인 세븐 컬러드 어스Seven Coloured Earth, 그리고 모리셔스에서 가장 크고 박력이 넘치는 샤마렐 폭포도 이곳에 있다. 이 때문에 샤마렐은 모리셔스에서 가장 인기 있는 관광지로 자리 잡았다. 그랑 바신에서 블랙 리버 고지를 넘어 샤마렐까지 하루 코스로 잡으면 순수한 모리셔스의 속살을 만날 수 있다.

Tip 샤마렐 폭포 Chamarel Waterfall

모리셔스에서 가장 큰 폭포다. 원시림 한가운데, 운석이 떨어진 듯 움푹 파인 절벽에서 낙하하는 82m 높이의 폭포가 장관이다.
폭포를 보는 것 외에 다른 것도 즐길 수 있다. 트레킹을 좋아한다면 폭포까지 가는 트레킹을 즐기면 되고, 밀림과 작은 동굴을 탐험할 수도 있다. 단, 밀림이 거칠고 등산로도 정확하지 않아 가이드와 함께 하는 것이 좋다. 샤마렐 폭포는 세븐 컬러드 어스 주차장 전망대에서 보는 것을 추천한다.

Data 지도 137p-G
가는 법 르 몽에서 차로 20분 **주소** Chamarel Waterfall, Chamarel

자연이 남기고간 신비로운 흔적

세븐 컬러드 어스 Seven Coloured Earth

'일곱 빛깔 모래를 품은 언덕' 혹은 '무지개 언덕'이라 불린다. 수천 년 전 화산이 폭발하면서 특이한 협곡과 산을 만들었다. 그중 하나가 샤마렐 언덕에 있는 세븐 컬러드 어스다. 울창한 밀림에 둘러싸인 작은 모래언덕인데, 오묘한 빛깔의 흙으로 뒤덮인 채 풀 한 포기 자라지 않는다. 화산활동 후 침식작용으로 흙이 씻겨 나가면서 땅속에 묻혀 있던 화산재가 드러나 이처럼 특별한 색을 띠게 되었다고 한다.

해마다 수차례씩 태풍이 덮쳐 많은 비를 뿌려도 이 빛깔을 고스란히 유지하고 있다. 언덕은 햇빛이 드는 각도에 따라 색깔이 달라진다. 세븐 컬러드 어스는 모리셔스를 대표하는 관광 명소 중 하나이자, 많은 사진작가들이 탐내는 출사 포인트이기도 하다.

Data **지도** 137p-G
가는 법 르 몽에서 차로 20분
주소 Seven Coloured Earth, Chamarel
전화 +230-483-4298
운영 시간 08:30~17:00
요금 500루피
홈페이지 www.chamarel7-colouredearth.com

Tip 샤마렐 언덕 앞에 작은 기념품숍이 있다. 커피, 차, 바닐라 등 품질 좋고, 선물용으로 좋은 모리셔스 특산품을 팔고 있으니 들러보자. 뷰티에 관심이 많다면 이곳에서만 판매하는 바닐라 보디 폴리시를 추천한다.

애주가들의 인기 스폿, 럼 팩토리

샤마렐 럼 공장 Le Rhumerie de Chamarel

모리셔스를 여행하다 보면 아득하게 펼쳐진 사탕수수밭을 볼 수 있다. 그 사탕수수로 만드는 술이 모리셔스를 대표하는 럼이다. 어딜 가나 저렴하고 다양한 럼이 넘쳐나고 술 인심도 후하다. 샤마렐 럼 공장은 모리셔스에서도 최고급 럼을 만드는 곳. 비옥한 샤마렐 계곡에서 재배한 질 좋은 사탕수수로 럼을 만든다. 공장 견학 투어에 참가하면 사탕수수가 럼으로 만들어지는 과정을 볼 수 있다. 실제 럼을 만드는 작업 공정을 그대로 보여줘 아주 흥미롭다. 투어가 끝나면 여러 종류의 럼을 시음해볼 수 있다. 독한 술이고 시음하는 양이 적지 않으니 주의할 것!

공장 주변이 아름다워 술을 좋아하지 않아도 기분 좋게 투어에 참여할 수 있다. 공장 안에 위치한 레스토랑은 평점 좋은 맛집이다. 럼 칵테일과 함께 식사를 하는 것도 좋다. 다양한 럼주를 판매하는데, 과일향 럼이 인기다. 애주가라면 꼭 한 번 들러보기를 추천한다.

Data **지도** 137p-H
가는 법 세븐 컬러드 어스에서 차로 5분
주소 Royal Rd, Chamarel
전화 +230-483-4980
운영 시간 09:30~16:30
요금 400루피(투어 포함)
홈페이지 www.rhumeriedechamarel.com

그리 그리 바닷가 풍경만큼이나 인기 좋은

셰 로지 Chez Rosy

'로지네 집'이라는 뜻의 가족 레스토랑. 30년간 같은 자리에서 레스토랑을 운영하고 있다. 한국으로 치면 엄마 손맛의 진짜 가정식 크레올 밥집이다. 점심에만 운영해서 점심시간이면 손님들로 항상 붐빈다. 문어 커리, 랍스터구이 같은 흔한 메뉴부터 진짜 가정식 메뉴 빈다이Vindaye까지 정통 모리셔스 요리를 맛볼 수 있다.
추천 메뉴는 랍스터 요리. 구운 랍스터에 향신료가 살짝 더해진 칠리소스가 함께 나온다. 가격은 싯가로 시기별로 조금씩 달라진다. 보통 랍스터 500g에 1,000루피가 조금 넘는다. 생선을 좋아한다면 피쉬 빈다이, 색다른 메뉴를 찾는다면 사슴 커리Deer Curry도 추천한다.
셰 로지 바로 앞에 남부의 가장 큰 관광 명소인 그리 그리가 위치해 있어 같이 일정을 잡으면 좋다. 근처에 레스토랑이 많지 않은 곳이라 식사 시간엔 항상 손님이 많다. 영업시간이 길지 않으니 이곳에서 식사를 하려면 영업시간을 확인해서 드라이브 동선을 잡자.

문어 커리

Data **지도** 137p-L
가는 법 그리 그리 앞에 위치
주소 Gris Gris, Souillac
전화 +230-625-4179
운영 시간 11:00~16:00
휴무 월요일
가격 랍스터 995루피~, 메인 275루피~
홈페이지 chez-rosy-le-gris-gris.restaurant.mu

요리의 연금술사

랄쉬미스트 L'Alchimiste

샤마렐 럼 공장에 있는 레스토랑이다. 이국적이고 독창적인 메뉴를 선보이며 미식가들의 맛집으로 등극했다. 사슴이나 멧돼지를 이용한 스테이크부터 익숙한 참치 카르파초, 바비큐 치킨까지 여러 종류의 메뉴가 있다. 맛도 근사하지만, 세븐 컬러드 어스나 트로피컬 등 음식에 모리셔스의 모습을 형상화한 플레이팅이 놀랍도록 멋지게 차려진다.

최고급 호텔 요리 이상으로 눈과 입 모두 즐겁다. 모든 식재료는 모리셔스에서 생산되는 재료를 사용해 신선함이 넘친다. 샤마렐 럼으로 만든 맛있는 럼 칵테일과 더불어 프랑스와 유럽에서 수입한 고급 와인 리스트가 있다. 오후 시간에는 크레페와 케이크 등 애프터눈 티도 즐길 수 있다. 식사를 하면 샤마렐 럼 공장 입장료, 투어 비용이 무료다. 예약을 해야 한다.

Data 지도 137p-H
가는 법 세븐 컬러드 어스에서 차로 5분 **주소** Royal Rd, Chamarel
전화 +230-483-4980 **운영 시간** 08:00~18:00 **휴무** 일요일 **가격** 스타터 300루피~, 메인 500루피~
홈페이지 www.rhumeriedechamarel.com

© Le Rhumerie de Chamarel

© Le Rhumerie de Chamarel

자연의 순수함이 가득한 레스토랑

르 부아 셰리 레스토랑 Le Bois Chéri Restaurant

부아 셰리 티 팩토리 안에 있는 레스토랑. 언덕 위에 레스토랑이 위치해 있어 풍경은 어디도 따라올 수 없이 근사하다. 백조가 노니는 호수와 야생 사슴이 뛰어다니는 초록빛 산책로가 더해져 자연의 순수함이 가득하다. 식사만 하는 곳이 아닌 자연과 동화되어 평화로움에 취하는 공간이 더 어울린다.
티 팩토리 시음장에서 무료 티 시음과 식사를 할 수 있다. 조식은 팬케이크 등의 간단한 브런치 메뉴고, 점심시간에만 메인 셰프의 요리를 맛볼 수 있다. 대표 메뉴는 부아 셰리에서 생산된 꿀소스로 요리한 바비큐 치킨, 커리와 레몬으로 맛을 낸 인도식 생선 요리, 신선한 참치 스테이크 등이다. 식사 후 여유 있는 산책은 필수 코스다.

Data 지도 137p-I
가는 법 그랑 바신에서 차로 5분 **주소** Bois Chéri Rd, Bois Chéri
전화 +230-5471-1216 **운영 시간** 09:00~17:00 **가격** 스낵 170루피~, 메인 430루피~
홈페이지 boischeri.restaurant.mu

플릭 엔 플락의 저렴한 레스토랑

줍 익스프레스 Zub Express

플릭 엔 플락 해안도로에는 메뉴와 분위기와 가격대가 비슷한 레스토랑들이 줄지어 있다. 가격대가 약간 높고 맛도 평범해서 맛집으로 추천하기는 힘든, 관광지의 그저 그런 레스토랑들이다. 그중에서 저렴하면서 맛도 그럭저럭하는 곳이 줍 익스프레스다. 해안도로에 접해 있어 언제라도 쉽게 찾아갈 수 있다. 간단한 볶음밥과 면 메뉴부터 생선과 랍스터까지 다양한 가격대의 음식이 있다. 포장해서 비치로 가져가기 좋은 메뉴들도 많으니 간단한 식사가 필요할 때 들러보자.

Data 지도 136p-A
가는 법 플릭 엔 플락 비치 해안도로에 위치 **주소** 286 Coastal Rd, Flic en Flac **전화** +230-453-8868 **운영 시간** 10:00~21:00
가격 비리아니 150루피~, 매직 볼 150루피, 누들 120루피~
홈페이지 www.zub-express.com

모리시안의 향이 가득!

마르미트 모리시안 Marmite Mauricienne

플릭 엔 플락 해안도로에 위치한, '모리시안의 냄비'라는 귀여운 뜻을 가진 레스토랑. 플릭 엔 플락 비치가 가장 예쁘게 보이는 곳에 자리했다. 중국과 유럽 음식이 절묘하게 어울린 메뉴에 모리셔스 전통 음식이 더해졌다.
철판에서 소고기가 지글지글 익는 시즐링 비프, 새우 커리, 크림소스가 얹어진 치킨 등이 인기 메뉴다.

Data 지도 136p-A
가는 법 플릭 엔 플락 해안도로에 위치 **주소** Coastal Rd, Flic en Flac
전화 +230-453-6009 **운영 시간** 12:00~15:00, 18:00~22:00
휴무 화요일 **가격** 메인 250루피~, 스타터 100루피~
홈페이지 www.facebook.com/LaMarmiteMauricienne

우아하게 즐기는 르 몽 비치

세인트 레지스 모리셔스 리조트 The St Regis Mauritius Resort ★★★★★

세인트 레지스는 쉐라톤과 메리어트가 속해 있는 스타우드 계열의 최고급 리조트다. 한 번 이용하고 나면 리조트 보는 눈높이가 확 높아질 정도로 고급스럽다. 세인트 레지스가 선택한 인도양의 첫 번째 리조트가 바로 르 몽에 있다.

총 객실 수 172개. 고풍스러운 콜로니얼풍 건물에 스위트룸과 빌라 스타일 객실이 있다. 우아함이 넘치는 건물 외관과 실내 인테리어가 눈에 띈다. 객실 내 객실과 비슷한 크기의 욕실이 있다. 르 몽의 비치는 따로 설명이 필요 없을 정도. 아시아, 유럽, 인도 요리와 그릴 바 등 6개의 레스토랑이 있다. 액티비티를 좋아한다면 다이빙, 서핑, 트레킹을 즐길 수 있다. 모리셔스의 유명 관광지도 가깝다.

Data 지도 137p-G
가는 법 르 몽 비치 비치에서 도보 10분 **주소** Le Morne Peninsula, Le Morne
전화 +230-403-9000 **요금** 비치프런트 스위트룸 684유로, 세인트 레지스 스위트룸 969유로
홈페이지 www.stregismauritius.com

머무는 것 자체가 힐링

마라디바 빌라 리조트&스파 Maradiva Villas Resort&Spa ★★★★★

일 년 내내 건조하고 따뜻한 플릭 엔 플락에 자리한 럭셔리 리조트. 65개 전 객실이 프라이빗한 독채다. 객실은 프런지 풀을 기본으로 갖춘 풀 빌라다. 객실 전체에 개방된 곳이 없어 은밀한 여행을 즐기려는 허니무너에게 인기가 많다. 큰 마을을 연상케 하는 리조트 단지는 울창한 나무에 둘러싸여 자연친화적이다. 리조트 내에 150종의 모리셔스 토종 식물이 자라고 있어 산책만 해도 기분이 좋다. 손님보다 더 많은 스태프가 24시간 대기한다. 모든 서비스는 신속하게 일대일로 대응해준다.

하루에 2번 스노클링과 크리스탈 록 보트 무료 투어를 진행한다. 요가와 명상 클래스로 하루를 시작하고, 저녁에는 로맨틱한 선셋으로 하루를 마치면 완벽하다. 석식이 포함된 하프 보드 패키지도 있다.

Data 지도 136p-A
가는 법 플릭 엔 플락 비치에 위치
주소 Wolmar Coastal Rd, Flic en Flac
전화 +230-403-1500
요금 럭셔리 스위트 풀 빌라 405유로, 하프 보드 455유로
홈페이지 www.maradiva.com

액티비티가 가득한 부티크 호텔

타마리나 골프&스파 부티크 호텔 Tamarina Golf&Spa Boutique Hotel ★★★★

부티크 호텔 중 유일하게 골프 코스를 가진 호텔이다. 해변에 위치한 근사한 골프 코스는 인기가 높다. 골프를 잘 못쳐도 인도양을 향해 샷을 날려볼 수 있다. 서핑 스쿨과 돌고래 투어 등 각종 해양 레포츠도 직접 진행한다. 투숙객에게는 카젤라 월드 오브 어드벤처스 무료입장권을 제공한다. 호텔에 3개의 풀장도 있다. 바다와 만나는 타마린 비치도 아름답다.

Data 지도 136p-D
가는 법 타마린 비치 안쪽에 위치
주소 Tamarin
전화 +230-404-0150
요금 디럭스룸 시뷰 330유로
홈페이지 tamarina.mu

가성비 최고의 호텔

호텔 리우 르 몽 Hotel Riu Le Morne ★★★★

2015년 오픈한 성인 전용 호텔이다. 18세 미만은 입실이 제한돼, 조용하게 지내고 싶은 여행자에게 적격이다. 뒤에는 르 몽 브라방, 앞에는 르 몽 비치가 펼쳐지는 환상적인 위치다. 24시간 모든 음식과 주류가 포함된 올 인클루시브 서비스로, 미리 예약하지 않으면 객실 구하기가 힘들다. 객실은 조금 평범한 편. 카약, 스노클링 등 무료 액티비티가 있다. 이웃한 리우 크레올 리조트 시설을 함께 이용할 수 있다.

Data 지도 137p-G
가는 법 르 몽 비치에 위치
주소 Pointe Sud Ouest, Le Morne
전화 +230-650-4203
요금 스탠다드룸 258유로, 슈피리어룸 284유로
홈페이지 www.riu.com

어린 시절 동심을 깨우는 호텔

버블 롯지 부아 셰리 ★★★★

Bubble Lodge Bois Chéri

동화 속에 나올법한 독특한 콘셉트의 호텔이다. 원형의 투명한 객실에서 별을 보며 잠들 수 있다. 동심을 깨우는 이 호텔은 부아 셰리 티 팩토리에서 운영한다. 친화경적인 설계로 자연훼손을 최소화했고, 내부 시설은 깨끗하고 럭셔리하다. 스태프의 극진한 대접도 좋다. 조식과 석식이 포함된 하프 보드 요금으로 스위트룸과 패밀리 스위트룸을 운영한다.

Data 지도 137p-I
가는 법 부아 셰리 티 팩토리에 위치 **주소** Bois Chéri Rd, Bois Chéri **전화** +230-5255-1494
요금 더블 베드 스위트룸 309유로, 패밀리 스위트룸 319유로
홈페이지 www.bubble-lodge.com

환상 속에서나 그려보던 저택

캡 웨스트 바이 LA 카사니타 로트

CAP OUEST By LA CASANITA Ltd

가족을 위한 럭셔리한 아파트와 펜트하우스를 운영하는 숙소다. 환상 속에서 그려보던 저택 모습이다. 시설과 풍경, 서비스가 웬만한 고급 리조트보다 낫다. 커다란 테라스가 있어, 바다를 한눈에 조망할 수 있다. 시설에 비해 요금도 저렴하다. 2인실부터 6인용 3베드룸까지 있다. 얼리버드, 솔로, 60세 이상 할인 등 각종 프로모션을 진행한다. 2박 이상부터 예약 가능하다.

Data 지도 136p-A
가는 법 플릭 엔 플락 비치에 위치
주소 Coastal Rd, Flic en Flac
전화 +230-5934-3244 **요금** 2인실 2박 248유로~, 4인실 2박 494유로~, 6인실 2박 658유로~
홈페이지 www.booking.com

먼 바다와 대자연 샤마렐 폭포도 볼 수 있는 아름다운 리조트

라카즈 샤마렐 익스클루시브 롯지 ★★

Lakaz Chamarel Exclusive Lodge

해변에 위치한 많은 숙소를 제치고 감동의 여행을 즐길 수 있는 곳이다. 언덕 위에 자리해 모리셔스 대자연의 경이로움을 느낄 수 있다. 야외 풀장과 스파도 환상적이다. 직원들의 훌륭한 서비스까지 더해져 머무는 모든 시간이 힐링이다.

Data 지도 137p-G
가는 법 샤마렐 럼 공장에서 차로 3분
주소 H9FP+73V, Chamarel
전화 +230-483-4240
요금 스탠다드 룸 280유로~, 가든 풀 스위트 330유로~
홈페이지 www.lakazchamarel.com

언덕 위의 천국

힐사이드 헤븐 Hillside Haven

타마린 언덕 위 바다 전망이 환상적인 위치에 자리한다. 풀장과 주방, 피크닉 용품까지 구비되어 여행이 편하다. 다만, 주변에 편의시설이 없어 차가 필수다. 이곳에서 보는 노을 풍경도 근사하다. 2박 이상 시 예약 가능하다.

Data **지도** 136p-D
가는 법 타마린 비치에서 차로 7분
주소 Allee des Flamboyants, Morcellement Carlos, Tamarin
전화 +230-489-5499 **요금** 2인실 2박 130유로

르 몽 브라방이 정원처럼 자리한 곳

마 비 라 Ma Vie La

하루 종일 새가 지저귀는 예쁜 정원이 있어 눈이 즐겁다. 아담한 야외 풀장과 주방 시설도 갖추고 있다. 르 몽 비치까지 도보 15분 거리. 1인실부터 4인이 머물 수 있는 2베드룸까지 다양한 객실이 있다.

Data **지도** 137p-G **가는 법** 르 몽 비치에서 도보 15분
주소 46, Chemin du Benjouin Morcellement Cambier, Le Morne **전화** +230-5821-1410
요금 2인실 65유로 **홈페이지** ma-vie-la-apartment.mauritiushotelsweb.com

머물고 싶다면 미리미리 예약하자

핑고 스튜디오 Pingo Studios

르 몽에서 흔치 않은 않은 아파트형 숙소다. 핑고 외에 헤븐이라는 이름으로 몇 개의 스튜디오와 가족 객실도 대여하고 있다. 렌터카, 스쿠터, 자전거를 대여할 수 있다. 1인당 3유로에 간단한 조식을 제공한다. 3박 이상부터 예약 가능하다.

Data **지도** 137p-G **가는 법** 르 몽 비치에서 차로 3분
주소 Royal Rd, La Gaulette **전화** +230-5755-9773 **요금** 2인실 3박 141유로 **홈페이지** pingo-studios-apartment.mauritiushotelsweb.com

Mauritius By Area

03

마헤부르&동부

Mahébourg&East

모리셔스에서 물빛이 가장 예쁘다고 소문난 곳으로, 생애 가장 아름다운 바다를 만날 수 있다. 카타마란 투어의 대명사 세프섬Île aux Cerfs도 여기에 있다. 가장 휴양지다운 곳으로, 허니문 여행지 1순위다. 또한, 모리셔스에서 가장 럭셔리한 리조트가 벨 마르 비치에 모여 있다.

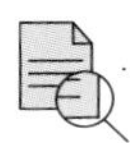

마헤부르&동부 미리보기

공항에서 차로 불과 10분 거리에 자리한 작은 도시. 아름다운 바다와 리조트가 몰려 있고, 현지인의 삶을 가까이서 볼 수 있는 지역이다. 공항도 이곳에 있다. 시장을 거닐며 길거리 음식을 먹는 소소한 재미도 있다. 또한, 잔잔한 바다를 보며 워터프런트를 산책할 수 있다.

SEE

동부를 따라 드라이브를 하면 가장 아름다운 바다를 볼 수 있다. 사진 후보정도 필요 없을 정도다. 셔터만 눌러도 그림 같은 장면을 사진에 담을 수 있다. 세상에서 가장 큰 자이언트거북이도 만나보자. 150년간 같은 모습으로 비스킷을 만드는 카사바 비스킷 공장Biscuiterie H. Rault도 추천한다.

EAT

마헤부르에는 저렴하고 맛있는 맛집이 몰려 있다. 시장과 거리에서 다양한 길거리 음식도 맛볼 수 있다. 하지만, 마헤부르를 벗어나면 레스토랑을 만나기가 어렵다. 마헤부르에서 먼 곳에서 숙박한다면 식사가 포함된 패키지를 선택하는 게 좋다.

SLEEP

휴양을 원하는 허니무너라면 벨 마르 비치로 가자. 숙소에만 있어도 즐거움이 넘치는 리조트가 많다. 장기 체류 여행자라면 편의시설이 몰려 있는 마헤부르가 좋다. 아름다운 바다를 보고, 관광도 원한다면 블루 베이가 적당하다. 두 곳 모두 저렴한 숙소와 에어비앤비가 많은 편이다.

▲ 모리셔스 여행의 로망, 세프섬

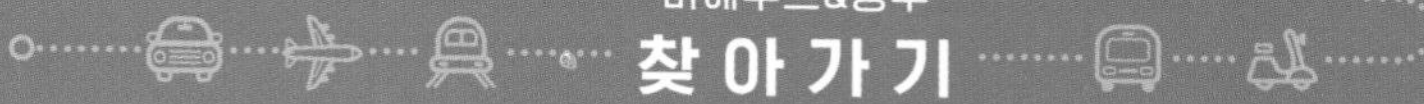

찾 아 가 기

어떻게 갈까?

렌터카

모리셔스 공항에서 동부 지역의 중심 마헤부르까지는 10분 거리. 섬의 북동쪽에 위치한 벨 마르Belle Mare까지는 약 62km 거리며, 70분쯤 걸린다. 가는 길에 포시즌스 리조트가 위치한 뷰 챔Beau Champ을 지난다. 아름다운 해안도로를 따라 가는 길이라 드라이브 하는 재미가 있다. 포장도로라 운전도 어렵지 않다.

택시

공항에서 마헤부르까지는 10~15분이 소요되고, 800루피 정도면 갈 수 있다. 벨 마르 비치까지는 70분이 소요되고, 요금은 2,500루피다. 미터기를 사용하지 않으니, 출발 전 기사와 요금을 정하고 탈 것.

버스

마헤부르까지는 198번 버스를 타고 15분이면 간다. 하지만 벨 마르까지 간다면 버스는 추천하지 않는다. 공항에서 벨 마르로 가려면 큐핍Curepipe에서 1번 환승한다. 큐핍까지 가는 버스는 자주 있지만 큐핍에서 벨 마르로 가는 버스는 1일 3회 운행되고, 배차 간격도 믿을 수 없다.

버스 이용 시

■ 공항 ~ 마헤부르

198번 버스 → 마헤부르Mahébourg Traffic Centre에서 하차

배차 간격 15분 | **소요 시간** 15분 | **운행 시간** 06:15~18:45 | **요금** 22루피

■ 공항 ~ 벨 마르

9번 버스 → 큐핍Curepipe Ian Palach South에서 하차

배차 간격 10분 | **소요 시간** 55분 | **운행 시간** 04:50~19:15 | **요금** 39루피

환승 큐핍 Ian Palach North에서 17번이나 17G 버스 → 벨 마르Bell Mare에서 하차

배차 간격 1일 3회 운행(첫차 05:45, 막차 18:45) | **소요 시간** 80분 | **요금** 38루피

■ 공항 ~ 뷰 챔

198번 버스 → 마헤부르 Traffic Centre에서 하차

배차 간격 15분 | **소요 시간** 15분 | **운행 시간** 06:15~18:45 | **요금** 22루피

환승 마헤부르 Traffic Centre에서 18번 버스 → 뷰 챔Beau Champ에서 하차

배차 간격 25분 | **소요 시간** 55분 | **운행 시간** 05:10~18:30 | **요금** 38루피

어떻게 다닐까?

렌터카

마헤부르 바자르와 워터프런트 등 주요 여행지는 도보로 돌아볼 수 있지만, 그 외 도시나 비치로 갈 때는 렌터카로 이동하는 게 편하다. 이동하는 동안 볼 수 있는 화려한 바다 풍경도 모리셔스 여행의 묘미다. 도시에서는 갓길 주차를 할 수 있다. 또한, 해안가에도 주차장이 넉넉해 차로 다니기 편하다.

택시

택시로 어디든 이동이 가능하지만, 택시 관광을 많이 하는 지역은 아니다. 마헤부르는 볼거리가 많지 않은 지역이다. 가까운 거리를 이동할 때 택시를 추천한다. 이용 시 탑승 전에 꼭 금액을 물어볼 것. 마헤부르에서 블루 베이까지 택시 요금은 300루피 정도다.

버스

마헤부르 근교, 블루 베이(46번 버스)와 공항을 오갈 때만 버스를 추천한다. 북쪽에 위치한 비치는 섬에서도 가장 외진 휴양지라 버스 노선이 많지 않다. 배차 간격도 너무 커서 버스로 이동하는 게 쉽지 않다.

▲ 마헤부르 버스정류장

마헤부르&동부

2일 추천 코스

바다를 제외하고 볼거리가 많지 않은 마헤부르는 시내 관광을 포함해서 1~2일이면 충분하다. 하루는 관광 코스, 하루는 바다를 즐기는 코스로 짜면 동부 지역 여행지 대부분을 돌아볼 수 있다.

1일차

마헤부르 바자르 구경하며 길거리 음식 맛보기

도보로 5분 →

마헤부르 워터프런트 산책하기

도보로 15분 →

마헤부르 국립 역사 박물관 관람하기

차로 10분 ↓

카사바 비스킷 공장에서 카사바 비스킷 맛보기

차로 40분 ←

바닐라 국립공원에서 자이언트거북이 만나기

차로 40분 ←

퐁 나튀렐에서 인증샷 찍기

차로 30분 ↓

마헤부르 워터프런트에서 저녁 식사하기

2일차

블루 베이 비치부터 벨 마르 비치까지 드라이브하며 맘에 드는 바다에서 수영하기

OR

블루 베이 비치에서 수영하기

차로 3분

푸앵트 데스니 비치에서 느긋하게 산책하기

차로 20분

프레드릭 헨드릭 박물관 관람하기

차로 13분

푸앵트 뒤 디아블에서 대포 구경하기

차로 15분

장엄한 GRSE 폭포 구경하기

차로 15분

시즌스 레스토랑에서 티 타임 갖기

차로 5분

팔마르 비치에서 산책하기

차로 8분

동부 지역 대표 비치 벨 마르 비치에서 휴식하기

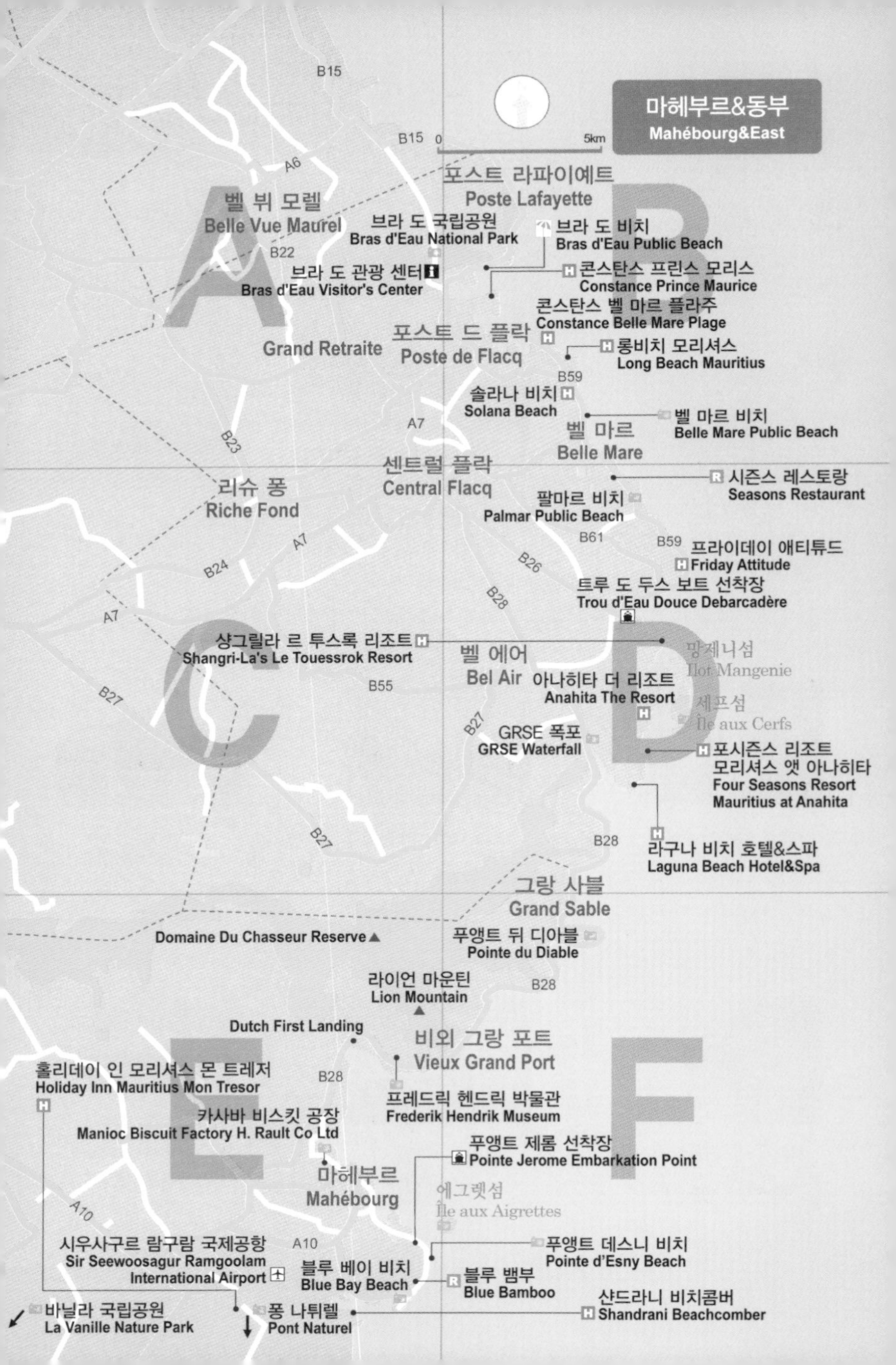

마헤부르&동부
Mahébourg&East
0
5km
B15
A6
포스트 라파이예트
Poste Lafayette
벨 뷔 모렐
Belle Vue Maurel
브라 도 국립공원
Bras d'Eau National Park
브라 도 비치
Bras d'Eau Public Beach
B22
브라 도 관광 센터
Bras d'Eau Visitor's Center
콘스탄스 프린스 모리스
Constance Prince Maurice
콘스탄스 벨 마르 플라주
Constance Belle Mare Plage
포스트 드 플락
Poste de Flacq
Grand Retraite
롱비치 모리셔스
Long Beach Mauritius
B59
솔라나 비치
Solana Beach
A7
벨 마르 비치
Belle Mare Public Beach
벨 마르
Belle Mare
B23
센트럴 플락
Central Flacq
리슈 퐁
Riche Fond
시즌스 레스토랑
Seasons Restaurant
팔마르 비치
Palmar Public Beach
B61
B59
프라이데이 애티튜드
Friday Attitude
B24
B26
B28
트루 도 두스 보트 선착장
Trou d'Eau Douce Debarcadère
샹그릴라 르 투스록 리조트
Shangri-La's Le Touessrok Resort
벨 에어
Bel Air
망제니섬
Ilot Mangenie
B55
아나히타 더 리조트
Anahita The Resort
B27
세프섬
Île aux Cerfs
GRSE 폭포
GRSE Waterfall
포시즌스 리조트
모리셔스 앳 아나히타
Four Seasons Resort
Mauritius at Anahita
B28
라구나 비치 호텔&스파
Laguna Beach Hotel&Spa
그랑 사블
Grand Sable
Domaine Du Chasseur Reserve
푸앵트 뒤 디아블
Pointe du Diable
라이언 마운틴
Lion Mountain
Dutch First Landing
비외 그랑 포트
Vieux Grand Port
홀리데이 인 모리셔스 몬 트레저
Holiday Inn Mauritius Mon Tresor
카사바 비스킷 공장
Manioc Biscuit Factory H. Rault Co Ltd
프레드릭 헨드릭 박물관
Frederik Hendrik Museum
푸앵트 제롬 선착장
Pointe Jerome Embarkation Point
마헤부르
Mahébourg
에그렛섬
Île aux Aigrettes
A10
시우사구르 람구람 국제공항
Sir Seewoosagur Ramgoolam
International Airport
블루 베이 비치
Blue Bay Beach
푸앵트 데스니 비치
Pointe d'Esny Beach
블루 뱀부
Blue Bamboo
샨드라니 비치콤버
Shandrani Beachcomber
바닐라 국립공원
La Vanille Nature Park
퐁 나튀렐
Pont Naturel

마헤부르 다운타운
Mahébourg Downtown
0
500m
B28
마헤부르 바자르
Mahébourg Bazaar
르 바질릭
Le Bazilic
카사바 비스킷 공장
Biscuiterie H. Rault
노예 제도 폐지 기념비
Monument Commemorating
Abolition of Slavery
Mouchoir Rouge Island
교회
KFC
버스정류장
슈퍼마켓
주유소
살뤼 레 코팽
Salut Les Copains
라 비엘 루주
La Vielle Rouge
A10
병원
레 코팽 다보르
Les Copains d'Abord
슈퍼마켓
칠필 게스트하우스
Chillpill Guest House
마헤부르 대학
마헤부르 워터프런트
Mahébourg Waterfront
마헤부르 국립 역사 박물관
The National History Museum
에그렛섬
Île aux Aigrettes
프레스킬 비치 리조트
Preskil Beach Resort
Coastal Rd
A10
푸앵트 제롬 선착장
Pointe Jerome Embarkation Point
Blue Bay Link Rd
푸앵트 데스니 비치
Pointe d'Esny Beach
Coastal Rd

시우사구르 람구람 국제공항
Sir Seewoosagur Ramgoolam International Airport
Blue Bay Link Rd
플뢰르 드 바닐라 아파트 호텔
Fleur de Vanille Appart Hotel
블루 베이 마린 파크
Blue Bay Marine Park
샨드라니 비치콤버
Shandrani Beachcomber
라 캉뷔즈 비치
La Cambuse Public Beach

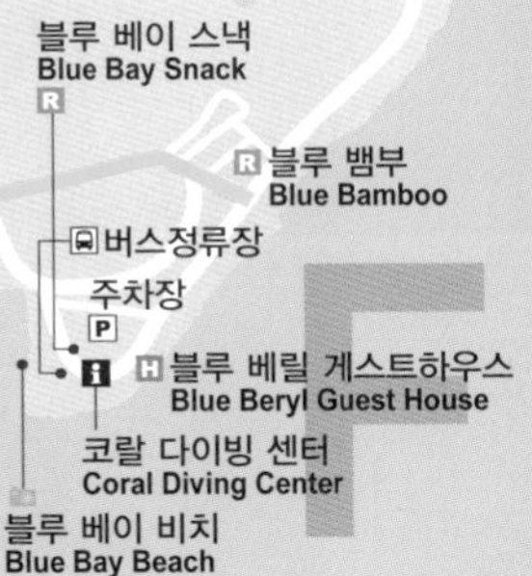

블루 베이 스낵
Blue Bay Snack
블루 뱀부
Blue Bamboo
버스정류장
주차장
블루 베릴 게스트하우스
Blue Beryl Guest House
코랄 다이빙 센터
Coral Diving Center
블루 베이 비치
Blue Bay Beach

150년 전 그대로 비스킷을 만드는

카사바 비스킷 공장 Manioc Biscuit Factory H. Rault Co. Ltd

모리셔스의 유일한 비스킷 공장이다. 이 비스킷은 카사바Cassava 또는 마니옥Manioc이라고 불리는 고구마와 비슷한 뿌리 식물을 주원료로 만든다. 방부제나 착색료를 전혀 사용하지 않고 천연 재료를 활용해, 150년 전 방식 그대로 비스킷을 만들고 있다. 1차 세계대전 당시 모리셔스가 식량난으로 힘들었을 때 이 비스킷은 한동안 모리시안의 주식이 되었다고 한다. 그 후 이 비스킷은 모리시안에게 어려운 시절을 돌아보는 추억의 간식으로 자리를 잡았다.
카사바 비스킷 공장은 입장료만 내면 가이드와 함께 둘러볼 수 있다. 공장에서는 베이지색 유니폼을 입은 노동자들이 사탕수숫대를 태워 달군 뜨거운 철판에서 비스킷 만드는 모습을 볼 수 있다. 비스킷을 일일이 손으로 포장하는데, 익숙한 손놀림이 거의 달인 수준이다. 투어 후 정원에서 비스킷과 차를 원 없이 맛볼 수 있다.

Data **지도** 170p-E, 171p-A
가는 법 마헤부르 워터프런트에서 차로 10분 **주소** Les Delices, Ville Noire, Mahébourg
전화 +230-631-9559 **운영 시간** 월~금 09:00~15:30 **휴무** 토·일요일
요금 225루피 **홈페이지** www.biscuitmanioc.com

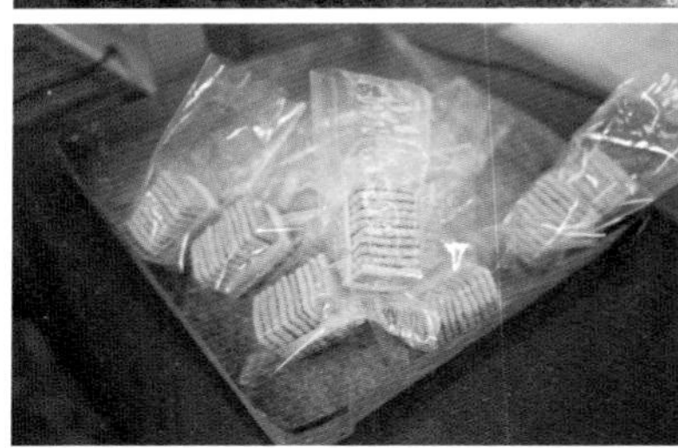

매일 걸어도 또 걷고 싶은 산책 시간

마헤부르 워터프런트 Mahébourg Waterfront

마헤부르 워터프런트에서 마헤부르 여행을 시작하면 좋다. 바닷가 전망대부터 노예 제도 폐지 기념비까지, 1km 해안을 따라 산책로가 조성되어 있다. 특히 맑은 날이면 마헤부르 워터프런트 풍경이 더없이 근사하다. 바다에는 앙증맞은 무슈아르 루주Mouchoir Rouge섬이 떠 있고, 왼쪽에는 라이언 마운틴Mt. lion이 우뚝 솟아 있다. 버스터미널과 재래시장, 대형 마트 등도 워터프런트 옆에 모여있다. 또, 워터프런트는 동부 해안 드라이브 여행의 시작점이기도 하다. 이곳에서 북쪽으로 섬을 거슬러 올라가면 많은 비치를 만날 수 있다.

Data 지도 171p-A

가는 법 마헤부르 버스터미널 옆에 위치 **주소** Mahébourg Waterfront **운영 시간** 24시간

노예 제도 폐지 기념비

로컬의 향이 가득한 곳

마헤부르 바자르 Mahébourg Bazaar

모리셔스 현지인들의 삶을 엿볼 수 있는 재래시장이다. 규모가 크지는 않지만 매일 열리는 마헤부르 바자르에서는 필요한 것을 쉽고, 저렴한 가격에 구매할 수 있다. 특히, 싱싱한 채소와 과일이 저렴하니 기억해두자.

장기 여행자나 주방이 있는 숙소에서 머무는 여행자라면, 이곳에서 장을 보면 좋다. 길거리 음식도 맛볼 수 있다. 오후 5시까지가 영업시간이지만 오후 3시가 지나면 슬슬 문을 닫으니 참고하자.

Data 지도 171p-A

가는 법 마헤부르 버스터미널 옆에 위치 **주소** Mahébourg **운영 시간** 08:00~17:00

내 생애 가장 큰 거북이를 만나는 날

바닐라 국립공원 La Vanille Nature Park

아이들과 함께 하는 여행이라면 필수 코스로, 동물원과 식물원이 같이 있다. 모리셔스 토종 동식물을 보존하고 있어 유명해졌다. 공원에는 모리셔스의 야생이 잘 보존되어 있다. 특히, 마다가스카르 여우원숭이Lemur Monkey, 나일악어Nile Crocodile 등 〈동물의 왕국〉에서 보았던 아프리카 동물을 볼 수 있다.

이 가운데 꼭 만나야 할 동물은 자이언트거북이. 바닐라 국립공원 내에는 거북이 가운데 가장 큰 종으로 알려진 자이언트거북이 700마리가 서식하고 있다. 가까이에서 자이언트거북이를 볼 수 있어 아이들이 좋아한다.

Data **지도** 170p-E
가는 법 마헤부르에서 차로 35분, 그리 그리에서 차로 15분
주소 La Vanille Nature Park, Rivière des Anguilles
전화 +230-626-2503
운영 시간 09:00~17:00
요금 성인 500루피, 3~12세 150루피
홈페이지 www.lavanille-naturepark.com

모리셔스 첫 번째 집

프레드릭 헨드릭 박물관 Frederik Hendrik Museum

모리셔스에 처음 정착한 네덜란드인들이 살았던 곳이다. 작은 집을 개조해 만든 본관에 들어가면 고풍스러운 전시품이 한눈에 들어온다. 그 시절에 사용했던 건축 재료 등이 남아 있어 400년 전 네덜란드인들의 생활상을 느낄 수 있다.

야외에는 제과점, 감옥 등의 흔적이 보존되어 있다. 야외 전시물은 유럽인들이 떠난 후 여러 차례 태풍을 맞아 형태만 남아 있는 정도다. 동부 드라이브 하는 날 일정에 넣어 들러보면 좋다.

Data **지도** 170p-E
가는 법 마헤부르에서 차로 10분
주소 Royal Rd, Old Grand Port
전화 +230-634-4319
운영 시간 월화목금토요일 09:00~16:00, 수요일 11:00~16:00, 일요일 09:00~12:00
휴무 공휴일 **요금** 무료
홈페이지 www.mauritiusmuseums.mu

본관

현재는 형태만 남아 있는 야외 전시물

지상낙원이 있다면 바로 여기!

세프섬(일 로 세프) Île aux Cerfs

모리셔스 여행자들의 로망 카타마란 투어로 인기가 높은 섬이다. 세프섬(일 로 세프, Île aux Cerfs)은 '사슴섬Deer Island'이란 뜻. 트루 도 두스Trou d'Eau Douce에 있는 이 작은 섬은 프랑스인들이 정착할 당시 사슴을 키우려고 했던 곳이었기 때문에 사슴섬이라는 별칭이 붙었다. 모리셔스에서 가장 아름다운 바다로 알려지면서 모리셔스 관광의 아이콘이 됐다. 또한, 스노클링, 패러세일링, 수상스키 등 각종 해양 스포츠를 즐길 수 있어 인기가 높다. 섬에서 열대림을 산책하거나 세 곳의 레스토랑에서 식사도 할 수 있다.

세프섬은 스피드 보트를 타거나 카타마란 혹은 해적선 투어에 참여하면 쉽게 갈 수 있다. 고급 식사와 술을 무제한 제공하는 카타마란 투어는 2,400~2,800루피(1인, 종일 기준). 픽업 여부는 예약하는 여행사 위치나 여행자가 묵는 숙소에 따라 달라진다. 또한, 출발하는 선착장 위치에 따라 투어 요금과 세일링 시간도 차이가 난다.

Data **지도** 170p-D
가는 법 트루 도 두스 선착장에서 스피드 보트로 10분
주소 Île aux Cerfs, Trou d'Eau Douce
운영 시간 스피드 보트 시간당 2~3대
요금 세프섬 입장 무료, 스피드 보트 왕복 1,000루피~

Tip 해적선 투어 Pirate Boat Cruise

카타마란 대신 해적선 투어를 이용해 세프섬으로 갈 수도 있다. 섬에서는 자유 시간이 긴 편이다. 돌아올 때 선상에서 바비큐 뷔페와 럼주를 무제한으로 즐길 수 있다. 모리셔스 전통 세가 공연도 한다. 요금은 1,500루피.

에그렛섬 자연 보호 구역 Île aux Aigrettes Nature Reserve

에그렛섬(일 로 에그렛, Île aux Aigrettes)은 동부 마헤부르에 위치한 작은 섬으로, 자연 보호 구역으로 지정되어 있다. 모리셔스는 유럽인들이 정착하며 많은 외래 동식물을 들여왔고, 휴양지로 개발하면서 환경이 계속해서 바뀌거나 파괴되고 있다. 때문에, 모리셔스 고유의 자연을 보호하기 위해 몇몇 곳을 보호 구역으로 지정했는데 에그렛섬도 그중 하나다.

모리셔스에서 가장 많은 보호를 받으며 활발한 복원 작업이 진행되고 있어, 에그렛섬에는 모리셔스의 자연이 원형 그대로 보존되어 있다. 몸 전체에 붉은 빛을 띠는 비둘기Pink Pigeon, 머리가 빨간 새Mauritius Fody, 올리브색 몸과 하얀 눈을 가진 새Olive White-eye, 장난감같이 알록달록한 도마뱀Ornate Day Gecko 등 본섬에서 사라진 몇몇 희귀 동식물이 서식하고 있다.

에그렛섬에는 정해진 투어 시간에 맞춰 전문 가이드와 함께 방문할 수 있다. 영어와 프랑스어 두 가지 중 선택할 수 있으며, 2시간 정도 진행된다. 모리셔스에 대해 해박한 전문 가이드가 함께해 유익하다. 투어 수익금은 모리셔스 야생 생물 재단 기금으로 쓰인다. 마헤부르 푸앵트 제롬Pointe Jerome 선착장에서 직접 예약하거나, 사이트에서 예약할 수 있다. 에그렛섬까지는 보트로 5분이 소요된다.

Data **지도** 170p-F, 171p-D
가는 법 마헤부르 워터프런트에서 차로 약 3분
주소 Pointe Jerome Embarkation Point, Mahébourg
전화 +230-631-2396
운영 시간 월~토요일 09:30, 10:00, 10:30, 13:30, 14:00, 14:30(출발 시간)
요금 성인 800루피, 4~11세 400루피
홈페이지 www.mauritian-wildlife.org

모리셔스 최고의 스노클링 스폿

블루 베이 비치 Blue Bay Beach

모리셔스에서 현지인과 이야기를 나누다보면 항상 블루 베이에서 스노클링을 했는지 묻는다. 그만큼 블루 베이 비치는 스노클링 스폿으로 유명하다. 또한, 38종의 산호와 72종의 해양 생물이 살고 있어, 해양공원으로 지정된 곳이기도 하다. 눈부시게 파란 바다를 볼 수 있다. 위에서 보면 수심이 확연히 드러날 정도로 선명하고 맑다. 해변 근처는 수심이 얕고 수온도 적당해 수영하기 좋다. 단, 스노클링 하는 곳은 파도가 센 편이라 주의해야 한다.

또한, 블루 베이에서 코코스섬까지 짧은 투어를 다녀올 수 있다. 수영을 못한다면 바닥이 투명한 보트를 이용해 바닷속 구경도 가능하다. 보트 투어는 블루 베이 비치에서 바로 예약할 수 있다. 2시간에 800~1,200루피 정도(보트, 스노클링 장비 포함). 비치에는 바비큐장, 간이음식점이 있다. 선셋도 예뻐 온종일 시간 보내기 좋다.

Data 지도 170p-E, 171p-F
가는 법 마헤부르에서 차로 7분 주소 Blue Bay NCG Rd, Blue Bay

자연이 만들어낸 절경

퐁 나튀렐 Pont Naturel

인도양에서 불어오는 남동풍과 거친 파도는 모리셔스 남부 지역에 그리 그리와 같은 격정적인 자연을 남겼다. 퐁 나튀렐은 그리 그리 절벽의 일부분이다. 내추럴 브리지Natural Bridge라고도 부른다. 이곳에는 수천 년간 파도에 깎이고 쓸린 화산암 다리가 있다. 다리 아래로 파도가 수시로 몰려와 바위에 부딪치면서 거대한 물보라를 만든다. 이 숨 막히는 풍경을 보기 위해 여행자들이 모여든다. 길이 약 2미터의 용암 다리 위에 서면 다리가 후들거릴 정도로 아찔하다. 하지만, 두 눈 질끈 감고 이곳에서의 인증샷은 필수다.

퐁 나튀렐을 찾아가는 길은 수월하지 않다. 사탕수수밭 사이로 난 비포장도로를 10여 분 달려야 한다. 구글맵에서도 사탕수수밭 사이로 난 길이 정확하지 않으므로 바위에 새겨진 이정표를 잘 살피며 길을 찾자.

Data 지도 170p-E

가는 법 공항에서 차로 25분 **주소** Pont Naturel **요금** 무료 **운영 시간** 24시간

아무에게나 알려주기에는 아까운 풍경

푸앵트 데스니 비치 Pointe d'Esny Beach

마헤부르와 블루 베이 중간에 있다. 바닷가 마을 이름에서 따온 푸앵트 데스니 비치는, 여행자들은 잘 모르는 곳이지만 꼭 추천하고 싶은 비치다. 도로와 비치 사이에 집이 늘어서 있어 그냥 지나치는 경우가 많다. 마을에 도착하면 비치로 가는 2개의 작은 골목 이정표를 유심히 살피자.

푸앵트 데스니는 모리셔스에서 가장 부유한 사람들이 사는 곳인데, 여행자의 발길이 닿지 않아 전혀 개발이 되지 않았다. 화장실과 샤워 시설 같은 편의시설이 잘 갖춰져 있지 않다. 하지만, 라이언 마운틴과 투명한 바다, 하얀 백사장, 얕은 수심과 아름다운 마을이 어울려 오랫동안 머물고 싶어지는 곳이다. 수영은 물론 낚시를 즐기기도 좋다. 비치에서 온종일 게으름을 부리기도 좋다.

Data 지도 170p-E, 171p-D
가는 법 블루 베이에서 차로 5분
주소 Pointe d'Esny, Mahébourg

비치로 향하는 이정표

허니무너들의 선택

벨 마르 비치 Belle Mare Public Beach

모리셔스 동부를 대표하는 비치다. 한적하고 조용해서 허니무너에게 인기가 많다. 마헤부르에서 해안도로를 따라 달리는 동안 많은 비치를 만나는데, 벨 마르 비치는 그중에서도 압도적이다. 눈이 번쩍 뜨이는 환상적인 풍경을 자랑한다. 다른 비치에 비해 수심이 얕고 파도도 얌전하다.
해변에는 하얗고 고운 모래사장이 눈길을 끈다. 우리가 상상했던 나른하고 여유로운 휴양지 모습 그대로다. 선베드에 가만히 누워 한가롭게 시간을 보내는 일이 가장 잘 어울리는 곳이다.
단, 겨울(6~8월)이라면 말이 다르다. 모래가 날리도록 거센 바람이 불고, 수온도 낮아 수영하기 적합하지 않다. 여름에도 한적하지만 겨울에는 눈에 띄게 한적해진다. 액티비티를 즐기거나 관광을 즐기기보다는, 휴식이 목적인 여행자에게 어울린다.

Data 지도 170p-B
가는 법 공항에서 차로 1시간 **주소** B59, Quatre Cocos, Flacq District, Belle Mare

조용하게 힐링하는 산책로

브라 도 국립공원 Bras d'Eau National Park

섬의 북동쪽에 있는 국립공원으로, 조용히 산책하기 좋은 숲이 있다. 5개의 작은 연못이 있는 숲에 울창한 나무 사이로 4km의 산책로가 나 있는데, 이 길을 따라 걸으며 새들이 지저귀는 소리를 들을 수 있다. 숲에는 마호가니Mahogany, 유칼립투스Eucalyptus, 테코마Tecoma, 칠레소나무The Monkey Puzzle Tree 등 모리셔스에 서식하는 열대 식물을 볼 수 있어 이국적인 느낌이 물씬 풍긴다.

산책은 반나절 코스를 추천한다. 산책 코스는 평지에 가깝고, 방향 표시도 잘 되어 있어 어렵지 않게 돌아볼 수 있다. 또한, 식물의 이름을 알려주는 이름표도 붙어 있다. 여행자 센터에서 정보를 얻은 후 하이킹을 시작하자. 여행자 센터 근처에 주차장과 공중화장실이 있다. 모기가 많으니 모기약을 챙기거나 긴 옷을 입는 게 좋다.

Data **지도** 170p-A
가는 법 벨 마르 비치에서 차로 15분
주소 Bras d'Eau
전화 +230-410-5362
운영 시간
여행자 센터 09:00~17:00
요금 무료

마헤부르 국립 역사 박물관 The National History Museum l Mahébourg Museum

모리셔스는 무인도에 정착한 유럽인들에 의해 개척된 섬으로, 역사가 길지 않아 박물관에 전시된 유물도 많지 않다. 대부분 유럽인의 항해와 전쟁에 관한 것들이다. 모리셔스에 있는 몇 곳의 박물관 중, 모리셔스의 역사를 한눈에 볼 수 있는 가장 중요한 박물관이 바로 마헤부르 국립 역사 박물관이다. 박물관은 마헤부르 도심에 있어 잠시 들러 관람하기 좋다. 총 2층 규모로 박물관의 규모는 크지 않지만, 건물 자체에도 의미가 있는 곳이다.

마헤부르 국립 역사 박물관은 1770년에 지어진 프랑스 호화 저택을 개조했으며, 전통 문화유산으로 지정되었다. 박물관에는 프랑스와 영국 전투에 관련된 지도와 그림, 총독 초상화 등이 전시되어 있어, 보고 있으면 모리셔스를 차지하기 위해 두 나라가 벌였던 치열한 전쟁을 상상할 수 있다. 또한, 모리셔스 역사에서 빠질 수 없는 사탕수수 농업, 노예 제도를 알 수 있는 자료도 있다. 박물관 건물을 둘러싼 향긋한 소나무 숲은 시민들의 휴식처가 되어준다.

Data 지도 171p-C
가는 법 마헤부르 워터프런트에서 도보 15분, 차로 4분 **주소** Rue des Flamands, Mahébourg
전화 +230-631-9329 **운영 시간** 월·화·목·금·토요일 09:00~16:00, 수요일 11:00~16:00, 일요일 09:00~12:00 **휴무** 공휴일 **요금** 무료 **홈페이지** www.mauritiusmuseums.mu

거칠지만 아름다워

팔마르 비치 Palmar Public Beach

벨 마르 비치 인근에 있다. 백사장이 끝나는 곳에 용암이 식어 만든 바위 지대가 있어 풍경이 근사하다. 투명한 바닷물이 검은 바위에 부딪치는 모습이 아름답다. 현지인들의 낚시 포인트로 유명한 비치로, 바닷바람을 맞으며 거닐다 보면 속이 시원하게 뚫린다.

Data 지도 170p-D
가는 법 벨 마르 비치에서 차로 약 7분
주소 Palmar Public Beach, Flacq

세프섬 카타마란 투어 때 보는 폭포

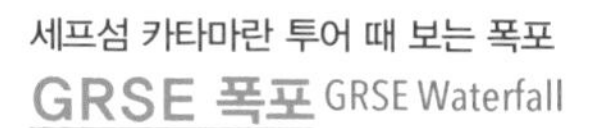

GRSE 폭포 GRSE Waterfall

GRSE는 Grand River South East의 약자로, 이름처럼 그랑 리버 동남쪽에 위치한 폭포다. 세프섬 카타마란 투어 때 잠시 볼 수 있다. 그랑 리버는 유럽 식민지 시대에 물품을 운송하는 중요한 물길이었는데, 지금은 대부분 보트 투어나 계곡 하이킹으로 찾는다. 차를 이용하면 사탕수수밭을 지나 폭포 근처까지 간 후 5분 정도 계곡을 따라 간다.

Data 지도 170p-D
가는 법 벨 마르 비치에서 차로 25분
주소 Grand River South East **요금** 무료

악마가 머무는 곳!

푸앵트 뒤 디아블 Pointe du Diable

영어로는 데블스 포인트Devil's Point로, 과거 이 곳을 지나던 배의 나침판이 오작동하자 악마의 짓이라 여겨 이름 붙여졌다. 지금은 근사한 바다를 볼 수 있는 뷰포인트가 되었다. 18세기 프랑스군이 설치해 놓은 대포가 남아 있다.

Data 지도 170p-F
가는 법 마헤부르 워터프런트에서 차로 30분
주소 B28, Pointe du Diable **운영 시간** 24시간
요금 무료

밤마다 사람들의 재잘거림이 가득한

라 비엘 루주 La Vielle Rouge

밤이 되면 마헤부르는 조용하지만, 라 비엘 루주는 웨이팅을 해야 할 만큼 시끌벅적하다. 다이닝을 즐기기 좋은 사랑스러운 분위기로 사람들의 재잘거림이 끊이지 않는다. 마헤부르 바자르 옆에 있어 시장에서 매일 신선한 재료를 공수해 요리한다. 모리셔스 음식은 소스를 많이 사용하는 레시피가 주를 이룬다. 음식 재료 본연의 맛보다 소스의 맛이 더 강한 게 특징인데, 라 비엘 루주의 요리는 같은 커리도 재료의 맛을 살린 것이 인상적이다. 부드러우면서 진한 비프 커리, 바나나 잎으로 싸서 쪄낸 생선, 문어가 가득한 문어 샐러드 등 한번 맛보면 다른 메뉴까지 다 맛보고 싶어진다. 분위기와 맛, 서버의 친절함 모두 만족할 만한 곳이다.

Data **지도** 171p-A
가는 법 마헤부르 워터프런트에서 도보 10분
주소 Rue du Hangard, Mahébourg
전화 +230-631-3980
운영 시간 11:00~15:00, 18:30~23:00
가격 메인 375루피~, 스타터 125루피~
홈페이지 la-vielle-rouge.restaurant.mu

문어 샐러드

비프 커리

모리셔스 최고의 피자 맛집

블루 뱀부 Blue Bamboo

모리셔스에서 최고의 화덕피자를 맛볼 수 있는 곳이다. 점심과 저녁에는 쉴 새 없이 피자를 구워낸다. 블루 베이에는 특별히 레스토랑이라고 부를 만한 곳이 없기 때문에 블루 뱀부의 존재가 더욱 고맙다. 이곳이 자리한 거리를 지나칠 때면 피자 냄새가 진하게 풍겨 배가 고프지 않아도 들어가 한 조각 맛보고 싶다는 생각이 금세 들 정도다.

자연미 넘치는 원목 테이블과 대나무를 활용한 실내 인테리어가 편안한 느낌을 준다. 피자는 바삭거리는 얇은 도우에 신선한 재료와 쫀득거리는 치즈가 가득 올려져서 나온다. 화덕에서 구워낸 생선이나 소고기 요리도 인기 메뉴. 그중 계란과 후추, 머스타드 소스 맛이 매력적인 소고기 타르타르를 추천한다. 넉넉한 양에 가격도 적당해 맛집의 조건을 두루 갖추었다. 마헤부르 관광을 하고 블루 베이 비치에서 스노클링을 즐긴 후, 블루 뱀부를 들르면 완벽한 일정이다.

Data **지도** 170p-E, 171p-F
가는 법 블루 베이에서 차로 2분
주소 Coastal Rd, Blue Bay, Pointe d'Esny
전화 +230-631-5801
운영 시간 10:00~15:00, 18:00~23:00
휴무 월요일
가격 320루피~

소고기 타르타르

두루두루 다 갖춘 작은 레스토랑

르 바질릭 Le Bazilic

규모는 작은 레스토랑이지만 이보다 더 알찰 수 없다. 모리시안 전통 요리부터 타이, 유럽식까지 다양한 메뉴가 준비되어 있다. 저렴한 가격에 깔끔한 음식, 맥주와 향이 좋은 라바짜 커피까지 여행자가 원하는 메뉴를 두루 맛볼 수 있는 곳이다.

바삭바삭하게 구운 파니니도 좋고, 넉넉한 양의 볶음밥도 좋다. 주인의 친절함은 더욱 좋다. 본래 현지인 상대로 시작한 레스토랑이지만 마헤부르 여행자들에게 알려지면서 유명세를 타고 있다. 마헤부르 바자르 옆에 있어, 구경 후 잠시 쉬어가기도 좋다.

Data 지도 171p-A

가는 법 마헤부르 워터프런트에서 도보 5분 **주소** Rue de Maurice, Mahébourg

전화 +230-5254-8191 **운영 시간** 11:00~21:00, 일요일 11:30~15:00

가격 샌드위치 250루피~, 볶음면 225루피~ **홈페이지** www.facebook.com/LeBazilic

안녕, 친구야!

살뤼 레 코팽 Salut Les Copains

'안녕, 친구야'라는 친근한 뜻의 레스토랑. 르 바질릭 앞에 위치해 있다. 시푸드부터 볶음면, 볶음밥 등의 메뉴가 있다. 이곳의 최대 장점은 저렴한 가격에 푸짐한 양.

볶음면은 65루피, 라이스 종류도 80~100루피면 든든하게 먹을 수 있다. 계란과 치즈, 빵이 나오는 간단한 조식도 100루피로 저렴하다. 가격으로 보나 맛으로 보나 여행자에게 추천할 만한 레스토랑이다.

Data 지도 171p-A

가는 법 마헤부르 워터프런트에서 도보 5분 **주소** Rue de Maurice, Mahébourg

전화 +230-5764-4988

운영 시간 09:00~18:00, 목요일 09:00~16:00, 일요일 09:00~15:30

가격 메인 120루피~

블루 베이 비치 가는 날!

블루 베이 스낵 Blue Bay Snack

블루 베이에서 하루를 보낸다면, 블루 베이 스낵을 몇 번이고 방문하게 된다. 근처에 괜찮은 레스토랑이 없기 때문이다. 밥과 면을 파는 작은 간이음식점이자, 차와 물, 스낵을 파는 마트 역할도 한다. 맛은 평범하지만 스노클링을 하다가 찾아오는 허기를 달래기에는 충분하다.

Data 지도 171p-F
가는 법 블루 베이 비치 주차장에 위치 **주소** Blue Bay
전화 +230-5771-9179
운영 시간 10:30~20:00, 금·토요일 10:30~22:00
가격 가작 30~80루피, 누들 200루피~

레스토랑 귀한 동부의 괜찮은 레스토랑

시즌스 레스토랑 Seasons Restaurant

팔마르 비치와 벨 마르 비치 사이에 자리한 레스토랑이다. 유명한 맛집은 아니지만 레스토랑이라 불릴 만한 곳이 거의 없는 곳에 위치해 눈에 띈다. 시푸드 요리와 인도 요리, 모리셔스식 면과 커리 요리 등을 맛볼 수 있다. 그중 사슴 커리와 탄두리 치킨 등이 인기 있다.

Data 지도 170p-D
가는 법 팔마르 비치 앙브르 호텔Ambre Hotel 맞은편
주소 Quatre Cocos
전화 +230-415-1350
운영 시간 11:00~21:00
가격 샐러드 220루피~, 라이스 300루피~

마헤부르의 낭만이 묻어나는

레 코팽 다보르 Les Copains d'Abord

모리셔스 전통 요리를 고급스럽게 맛볼 수 있는 곳이다. 레스토랑 앞에 마헤부르 워터프런트가 펼쳐져 있어 분위기가 꽤 좋다. 그릴 시푸드, 커리, 파스타 등의 메뉴가 있으며, 음식 맛은 평범한 편. 칵테일과 다이닝을 즐기려면 저녁 시간에 가는 것이 좋다.

Data 지도 171p-A
가는 법 마헤부르 워터프런트 앞
주소 Rue Shivananda, Mahébourg
전화 +230-631-9728
운영 시간 10:00~22:00 **가격** 칵테일 175루피~, 메인 450루피~, 디저트 90루피~

모든 것이 퍼펙트!

포시즌스 리조트 모리셔스 앳 아나히타 ★★★★★

Four Seasons Resort Mauritius at Anahita

모리셔스에서 가장 비싼 리조트 중 한 곳으로, 비싼 요금에 걸맞은 럭셔리한 시설과 서비스를 갖추었다. 로맨틱한 분위기가 극대화된 허니문 맞춤형 리조트로 허니무너들이 가장 가고 싶어 하는 리조트 1순위다.

전 객실이 풀 빌라로 운영 중이며, 객실 안에 작은 풀장과 프라이빗한 정원이 딸려 있다. 작은 빌리지처럼 조성된 리조트 내부는 단독 객실을 따라 호젓한 산책길이 나 있다. 프라이빗 비치도 있다. 자연과의 조화에 많은 공을 들였다. 가족을 위한 2~5베드룸 빌라도 있다. 트루 도 두스에 위치해 있어, 세프섬 여행에 최적이다. 세프섬까지 무료 셔틀 보트도 운행한다. 하루 2회 하우스 키핑, 자전거 무료 대여 서비스도 해준다. 성수기는 숙박료가 30% 비싸다.

Data 지도 170p-D
가는 법 공항에서 차로 50분 소요 **주소** Coastal Rd, Beau Champ **전화** +230-402-3100
요금 가든 풀 빌라 640유로, 맹그로브 풀 빌라 760유로 **홈페이지** www.fourseasons.com/mauritius

리조트만 즐기기도 바쁜

콘스탄스 벨 마르 플라주 Constance Belle Mare Plage ★★★★★

2016년 리노베이션을 마친 특급 리조트로, 허니무너가 가장 선호하는 벨 마르 비치에 있다. 몰디브와 세이셸, 마다가스카르 등에 고급 리조트를 둔 콘스탄스 그룹이 운영한다. 콘스탄스 프린스도 근처에 있다. 두 리조트는 콘셉트가 다른데, 바다 풍경이나 부대시설은 이곳이 좀 더 나은 편. 특히, 2km에 달하는 아름다운 해변은 콘스탄스 벨 마르 플라주를 있게 한 일등공신이다.
차 없이는 리조트 밖을 벗어나기 힘들지만 리조트 안에서만 즐겨도 충분하다. 총 278개 객실. 7개의 레스토랑과 6개의 바를 갖추었다. 4개의 수영장과 키즈 클럽, 골프 클럽 등의 부대시설이 있다. 음식과 술이 포함된 올 인클루시브 패키지도 있다. 리조트 안에서 휴양을 즐기려는 여행자에게 추천한다.

Data **지도** 170p-B
가는 법 공항에서 차로 1시간 **주소** Poste de Flacq **전화** +230-402-2600
요금 주니어 스위트 비치프런트 540유로, 하프 보드 640유로, 올 인클루시브 840유로
홈페이지 www.bellemareplagehotel.com

모리셔스에서 가장 길고 아름다운 비치를 낀

롱비치 모리셔스 Long Beach Mauritius ★★★★

모리셔스에서 가장 긴 백사장을 가진 리조트다. 트렌디한 인테리어로 실속파 커플에게 인기가 많다. 가족 여행자를 위해 무료 키즈 클럽을 운영한다.

인피니티 풀을 비롯해 3개의 야외 수영장이 있다. 바다에서 즐기는 다양한 무료 액티비티도 있다. 일식, 중식 등 5개의 레스토랑과 2개의 바가 있다. 매일 저녁 바에서 열리는 파티는 놓치지 말 것! 주류까지 포함된 올 인클루시브가 요금 대비 가성비가 좋다.

Data 지도 170p-B
가는 법 공항에서 차로 70분
주소 Coastal Rd, Poste de Flacq
전화 +230-401-1919
요금 가든뷰 스위트룸 285유로~, 주니어 스위트룸 386유로~
홈페이지 www.longbeachmauritius.com

저렴하게 즐기는 올 인클루시브

프라이데이 애티튜드 Friday Attitude ★★★★

트루 도 두스에 위치한 사랑스러운 리조트. 총 50개 객실. 커플룸부터 4인 패밀리룸까지 있다. 객실은 내추럴하고 깔끔하며, 객실 내 정원이 내려다보이는 발코니도 있다. 또한, 객실에서 몇 발짝만 걸으면 닿는 아늑한 풀장도 있다. 체크인을 하고 나면 유럽식과 크레올식으로 조식부터 중식, 석식까지 모든 것을 제공한다. 아침과 저녁은 매일 메뉴가 바뀌는 뷔페로 항상 푸짐한 식사를 즐길 수 있다.

5km 거리의 세프섬까지 무료 셔틀 보트도 운행한다. 가격 대비 만점 수준의 리조트다.

Data 지도 170p-D
가는 법 공항에서 차로 50분
주소 La Pelouse, Trou d'Eau Douce
전화 +230-402-7070
요금 스탠다드룸 160유로, 패밀리룸 200유로
홈페이지 hotels-attitude.com/en/friday-attitude

공항 인근의 유일한 특급 리조트

샨드라니 비치콤버 Shandrani Beachcomber ★★★★★

공항 근처에 있는 유일한 특급 리조트다. 블루 베이에 있어 각기 다른 분위기의 비치 3곳을 볼 수 있다. 총 327개 객실. 2인용 슈피리어룸부터 5~6인이 머물 수 있는 패밀리 아파트먼트까지 6가지 타입의 객실이 있다. 럭셔리하지만 올 인클루시브를 감안하면 저렴한 편이다.

식사와 음료, 술까지 모두 무료다. 편안한 기분으로 머물면 된다. 단, 최근 중국 관광객에게 인기가 점점 높아지고 있으니 중국인 여행 시즌은 피하는 게 좋다.

Data **지도** 170p-E, 171p-E **가는 법** 공항에서 차로 8분 **주소** Blue Bay, Grand Port **전화** +230-603-4100 **요금** 슈피리어룸 210유로~, 패밀리 아파트먼트 650유로~ **홈페이지** www.beachcomber-hotels.com

가성비 갑!

라구나 비치 호텔&스파 Laguna Beach Hotel&Spa ★★★★

트립어드바이저에서 2017년 엑설런트를 차지한 4성급 호텔. 산뜻한 디자인과 트로피컬 컬러로 인테리어한 객실이 눈길을 끈다. 캐주얼한 분위기라 젊은 커플에게 인기다. 하프 보드와 올 인클루시브 가운데 선택할 수 있다. 1인 요금도 있어 혼자 가도 알뜰하게 숙박할 수 있다.

세프섬과 가깝지만, 다소 외진 곳에 자리했다. 윈드서핑, 스노클링, 카약 등 무료 액티비티도 즐길 수 있다. 토요일에는 세가, 수요일은 전통 공연이 펼쳐진다. 세프섬 보트 투어나 선셋 크루즈 등의 유료 투어도 소개해준다. 활동적인 커플에게 적당한 호텔이다.

Data **지도** 170p-D **가는 법** 공항에서 차로 50분 **주소** Camp des Pêcheurs, Grand River South East **전화** +230-417-5888 **요금** 1인 96유로~, 2인 120유로~ **홈페이지** www.lagunabeachhotel.mu

공항 근처 실속형 숙소

홀리데이 인 모리셔스 몬 트레저 Holiday Inn Mauritius Mon Tresor ★★★★

블루 베이와 공항에서 가까운 4성급 호텔이다. 초호화 리조트에 비해 주목을 덜 받지만 여러모로 장점이 많은 숙소다. 1km 거리에 있는 공항까지 무료 셔틀을 항시 운행한다. 1~3인 요금이 따로 있어 인원수에 맞게 숙박할 수 있으며, 만 12세 미만은 숙박과 식사가 무료다.
블루 베이와 라 캉뷔즈 비치La Cambuse Public Beach가 차로 10분 거리에 있고, 마헤부르, 에그렛 섬, 퐁 나튀렐 등 유명 관광 명소로 이동하기 편한 위치에 있다. 야외 풀장이 있다.

Data 지도 170p-E
가는 법 공항에서 차로 5분 **주소** Montresor, Plaine Magnien **전화** +230-601-2700
요금 스탠다드룸 160유로~ **홈페이지** www.ihg.com

성인만 묵을 수 있는

솔라나 비치 Solana Beach ★★★★

객실에서 몇 발자국만 가면 바로 바다가 보인다. 총 50개 객실. 오로지 성인만 투숙할 수 있어 다른 호텔보다 더 평온하게 묵을 수 있다. 스파, 테니스장, 풀장, 피트니스 센터를 갖추었다.
유럽식과 일식 레스토랑, 2개의 작은 바가 있다. 음식의 맛은 보통 수준이지만 숙박료에 비해 다소 비싼 편. 하지만 근처에 레스토랑을 찾기 어렵다. 리조트에서 휴식이 목적이라면 올 인클루시브를 권한다.

Data 지도 170p-B
가는 법 공항에서 약 1시간
주소 Coastal Rd, 230 Belle Mare
전화 +230-402-7200
요금 슈피리어룸 105유로~
홈페이지 southerncrosshotels.mu/solana-beach

기가 막힌 바다 전망!

블루 베릴 게스트하우스 Blue Beryl Guest House

푸앵트 데스니 비치의 전망을 볼 수 있는 게스트하우스. 블루 베이 비치가 도보 1분 거리에 있다. 조식과 하우스 키핑 서비스가 포함되어 있다. 1인실부터 2베드 패밀리룸까지 다양하며, 작은 스튜디오는 32유로에 이용할 수 있다. 내부에 주방이 있는 객실과 없는 객실이 있으니 확인 후 예약하자. 마트와 레스토랑도 도보로 이동할 수 있다. 엑스트라 베드도 유료로 추가할 수 있다.

Data **지도** 171p-F **가는 법** 블루 베이 비치에서 도보 1분 **주소** Coastal Rd, Pointe d'Esny, Blue Bay
전화 +230-631-9862
요금 1인실 60유로~, 2인실 75유로~
홈페이지 www.blueberyl.com

동부 여행을 위한 작은 호텔

플뢰르 드 바닐라 아파트 호텔

Fleur de Vanille Appart Hotel ★★★

블루 베이 비치에서 도보 5분 거리에 위치한 작은 호텔. 숙박료에 간단한 조식이 포함되어 있다. 또한, 모든 객실에 주방 시설이 갖추어져 있다. 2인실과 4인실이 있어 실속형 가족 여행자에게 적당하다. 작은 풀장도 있다. 공항 픽업과 식품 배달 등 유료 서비스도 있다.

Data **지도** 171p-F **가는 법** 블루 베이 비치에서 도보 5분 **주소** Rue des Homards, Blue Bay
전화 +230-5980-3508
요금 4인실 170유로, 2인실 120유로

인피니티 풀이 있는 게스트하우스

칠필 게스트하우스

Chillpill Guest House ★★★

일출이 근사한 마헤부르 워터프런트의 저택 같은 숙소. 주변도 조용하고 평화롭다. 객실은 조금 작은 편이지만, 모든 객실에 테라스가 있다. 또한, 근사한 바다 전망의 인피니티 풀과 가든도 있다. 마헤부르 다운타운까지 도보 10분 거리에 있어 장기 여행자가 머물기 좋다.

Data **지도** 171p-A **가는 법** 마헤부르 워터프런트에서 도보 7분 **주소** 6 Rue Sivananda Mahebourg Maurice **전화** +230-5259-5324
요금 더블룸 51유로 **홈페이지** www.chillpill-guest-house.business.site

Mauritius By Area

04

포트 루이스&중부
Port Louis&Central

모리셔스 중부 지역은 휴양지가 아니다. 모리셔스의 수도 포트 루이스에는 우리에게 조금 낯설고 이국적인 모리시안들이 살고 있다. 도심을 빼곡하게 채운 빌딩과 시끌벅적한 재래시장이 있다. 그곳에 진짜 모리시안의 삶이 있다.

포트 루이스&중부

미리보기

모리셔스 최대의 도시이자 수도인 포트 루이스. 시끌벅적한 재래시장과 양복을 차려 입은 직장인들이 어우러져 이색적이다. 현지인의 삶과 여행자의 호기심이 공존하는 곳. 도시를 감싼 르 푸스 마운틴의 정취도 인상적이다. 다른 도시에 비해 옹기종기 관광지가 모여있어 알면 알수록 발걸음이 더욱 바빠진다.

SEE

볼거리는 포트 루이스 시내에 밀집해 있다. 유명한 르 푸스 트레킹 코스를 제외하면, 하루 일정으로 다 돌아볼 수 있다. 메종 유레카와 트루 오 세프 화산, 해 질 무렵의 알비옹 등대를 차례로 둘러보자.

EAT

현지 음식 위주의 레스토랑이 많다. 다른 지역의 관광지에 비해 가격도 저렴한 편이다. 더운 날씨에 이곳저곳 찾아다니기 힘들다면 센트럴 마켓 근처에서 길거리 음식을 즐기거나 코단 워터프런트 푸드 코트에서 식사를 하는 것도 좋다.

BUY

바가텔 몰, 코단 워터프런트 등 모리셔스에 가장 큰 쇼핑센터가 있다. 널리 알려진 브랜드도 있지만 저렴한 편은 아니다. 기념품 위주로 쇼핑하는 게 좋다. 센트럴 마켓과 코단 워터프런트에서 유니크한 기념품을 찾아보자.

SLEEP

바다를 끼고 있는 휴양지가 아니라 근사한 리조트나 호텔은 많지 않다. 반면 인기가 적은 곳이라 퀄리티에 비해 저렴하게 묵을 수 있다. 저렴한 호텔과 가족이 머물 만한 에어비앤비, 장기 체류자를 위한 아파트 등 가성비 좋은 숙소를 쉽게 찾을 수 있다.

찾아가기

어떻게 갈까?

렌터카

모리셔스 공항에서 포트 루이스까지는 M2 도로를 타고 50분 정도 걸린다. 가는 길이 단순하고 도로 상태가 좋아 운전에 불편함이 없다.

택시

공항에서 포트 루이스까지 택시 요금은 2,000루피. 미터기를 올리지 않으니, 출발 전 기사와 가격을 정하고 타자.

버스

포트 루이스까지는 공항에서 버스로 한번에 이동이 가능하다. 198번 버스가 05:10부터 18:10까지 15분 간격으로 운행한다. 소요 시간은 75분, 요금은 39루피다. 포트 루이스Port Louis Deschart St.에서 하차.

어떻게 다닐까?

렌터카

포트 루이스 시내는 도보로 이동할 수 있다. 또한, 다른 곳에 비해 차가 많아서 평일 저녁과 일요일을 제외하면 갓길 주차를 하거나 주차장, 쇼핑몰에 유료 주차를 해야 한다. 주차료는 시간당 25루피 정도. 알비옹 등대, 트루 오 세프 화산, 르 푸스는 버스가 가지만, 정차한 곳에서 목적지까지 걷는 구간이 너무 길다. 렌터카를 이용하는 게 좋다.

택시

택시 투어로 포트 루이스 근교 여행이 가능하다. 택시 투어는 정해진 스케줄도 있지만, 손님이 원하는 관광지 위주로 1일 대절이 가능하다. 대여료는 1일 약 3,000루피. 택시 스탠드에서 택시 기사와 일정과 비용을 협의 후 이용하면 된다.

포트 루이스&중부

1일 추천 코스

인구 밀집도가 가장 높은 모리셔스의 수도 포트 루이스에서 모리셔스의 속살을 만나는 일정이다. 관광지가 아닌 현지인들의 삶을 가까이서 들여다볼 수 있다. 트루 오 세프 화산과 알비옹 등대, 르 푸스 마운틴 트레킹 등의 일정도 넣어보자.

트루 오 세프 화산
산책하기

차로 30분

모리셔스에서 가장 우아한 집
메종 유레카 둘러보기

차로 20분

시타델에서
포트 루이스 감상하기

차로 10분

포트 루이스 센트럴
마켓에서 기념품 쇼핑 후
알루다 마시기

도보 7분

아프라바시 가트에서
모리셔스의 역사 만나기

도보 10분

블루 페니 박물관에서
가장 비싼 우표 구경하기

도보 1분

포트 루이스
코단 워터프런트에서
간식 먹으며 쉬어가기

차로 30분

알비옹 등대에서
선셋 보기

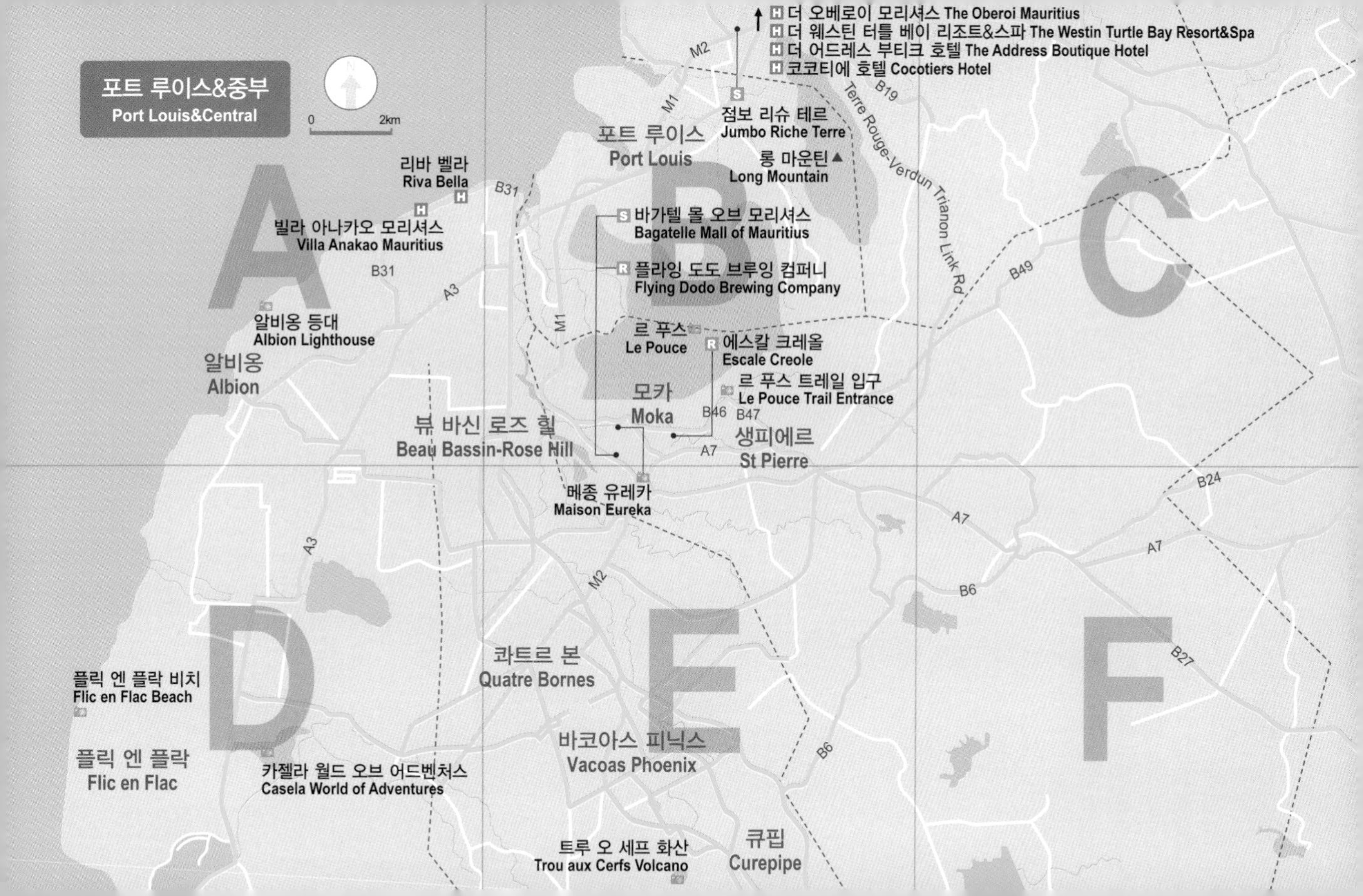

포트 루이스&중부
Port Louis&Central
0
2km
더 오베로이 모리셔스 The Oberoi Mauritius
더 웨스틴 터틀 베이 리조트&스파 The Westin Turtle Bay Resort&Spa
더 어드레스 부티크 호텔 The Address Boutique Hotel
코코티에 호텔 Cocotiers Hotel
점보 리슈 테르
Jumbo Riche Terre
포트 루이스
Port Louis
롱 마운틴
Long Mountain
리바 벨라
Riva Bella
빌라 아나카오 모리셔스
Villa Anakao Mauritius
바가텔 몰 오브 모리셔스
Bagatelle Mall of Mauritius
플라잉 도도 브루잉 컴퍼니
Flying Dodo Brewing Company
알비옹 등대
Albion Lighthouse
알비옹
Albion
르 푸스
Le Pouce
에스칼 크레올
Escale Creole
르 푸스 트레일 입구
Le Pouce Trail Entrance
모카
Moka
뷰 바신 로즈 힐
Beau Bassin-Rose Hill
생피에르
St Pierre
메종 유레카
Maison Eureka
콰트르 본
Quatre Bornes
플릭 엔 플락 비치
Flic en Flac Beach
플릭 엔 플락
Flic en Flac
카젤라 월드 오브 어드벤처스
Casela World of Adventures
바코아스 피닉스
Vacoas Phoenix
트루 오 세프 화산
Trou aux Cerfs Volcano
큐핍
Curepipe
Terre Rouge-Verdun Trianon Link Rd
A
B
C
D
E
F
M1
M2
A3
A7
B6
B19
B24
B27
B31
B46
B47
B49

포트 루이스 다운타운
Port Louis Downtown
0
200m
주유소
주유소
경찰서
ABC 렌터카
ABC Car Rental
시우사구르 람구람 박사 동상
Sir Sewoosagur Ramgoolam Statue
아프라바시 가트 월드 헤리티지 사이트
Aapravasi Ghat World Heritage Site
버스정류장
르 코단 워터프런트 푸드 코트
Le Caudan Waterfront Food Court
포트 루이스 워터프런트
Port Louis Waterfront
주차장
줌마하 모스크
Jummah Masjid
차이나타운
Chinatown
모 저우 차이니스 푸드
Moy Zhou Chinese Food
모리셔스 우편 박물관
Mauritius Postal Museum
글로리아 패스트푸드
Gloria Fast Food
라부르도네 워터프런트 호텔
Labourdonnais Waterfront Hotel
블루 페니 박물관
Blue Penny Museum
카페 럭스
Café LUX*
포트 루이스 센트럴 마켓
Port Louis Central Market
포트 루이스 센트럴 마켓 2층
알루다 필라이
Alouda Pillay
시타델 몰 아파트먼트
Citadelle Mall Apartments
Remy Ollier St
카지노
Casino
르 코단 워터프런트
Le Caudan Waterfront
맥도날드
McDonald's
주차장
모리셔스 은행
State Bank of Mauritius
크래프트 마켓
Craft Market
봄베이 스위츠 마트
Bombay Sweets Mart
KFC
빅토리아 버스터미널
Place Victoria Bus Terminal
M2
A1
La Chaussee
콩파니 가든
Les Jardins de la Compagnie
Dauphine St
Sebastopol St
시타델
Citadel
세인트 루이스 성당
St. Louis Cathedral
Edith Cavell St
Pope Hennessy St
르 코트야드 레스토랑
Le Courtyard Restaurant
Rue Desroches
St. Georges St
세인트 제임스 성당
St. James Cathedral
Labourdonnais St
샹 드 마르스
Champs de Mars
병원

포트 루이스 관광의 중심지

포트 루이스 워터프런트 Port Louis Waterfront

포트 루이스 워터프런트는 모리셔스의 공식적이며 유일한 항구로, 식민지 시절부터 지금까지 크고 작은 모든 선박이 거쳐가는 곳이다. 오랜 세월 선박이 드나들면서 포트 루이스에서 가장 상업적인 관광지로 개발되었다.
600m쯤 되는 해안을 따라 각종 레스토랑과 카페, 기념품숍이 줄지어 있다. 모리셔스에서 가장 오래된 쇼핑센터 코단 워터프런트도 있어, 현지인들에게 휴식과 데이트, 쇼핑 장소로 사랑 받는다. 포트 루이스를 방문하는 여행자도 꼭 한 번은 거쳐가는 곳이다. 포트 루이스 주요 관광지가 워터프런트 주변에 몰려 있어 관광의 시작과 끝으로 잡으면 편하다. 특히, 선셋이 근사하다. 저녁 시간에 찾아보자.

Data 지도 200p-B
가는 법 공항에서 차로 50분, 그랑 베이에서 차로 30분 **주소** Waterfront, Port Louis

Tip 항구 근처에 유료 주차장과 갓길 주차 공간이 있다. 주차료는 평일(06:00~17:00), 토요일(06:00~13:00)에는 시간당 25루피다. 그 외 시간과 일요일, 공휴일은 무료.

활기 넘치는 재래시장

포트 루이스 센트럴 마켓 Port Louis Central Market

모리셔스에서 가장 긴 역사와 큰 규모를 자랑하는 재래시장이다. 영국 식민지 시절부터 지금까지 같은 곳에 자리하고 있다. 포트 루이스 시내 중심부, 2개의 층으로 된 건물에 자리했다.
1층은 채소와 과일 등의 식재료를 파는 가게가, 2층은 도도새 가방, 스카프, 장식품 등 여행자를 위한 기념품을 판매하는 기념품숍이 있다. 현지인이 가는 공간과 여행자가 가는 공간이 뚜렷하게 나뉘지만, 구경거리는 1층에 더 많으니 참고하자. 활기차고 분주한 상인들과 담소를 나누며 장을 보는 현지인들을 살피는 재미가 쏠쏠하다.
처음 보는 채소와 과일을 구경하는 재미도 있다. 한 봉지에 30루피(약 1,000원)하는 것들이 많아 없던 물욕이 생겨날 정도다. 오렌지와 사과 등 몇 가지 과일류를 제외하면 모두 모리셔스에서 생산된 것들이다. 과일과 채소를 보면 모리셔스가 얼마나 비옥한 땅을 가졌는지 짐작할 수 있다. 2층의 기념품숍에서는 주인이 부르는 게 값이니, 흥정의 기술을 발휘할 것!

Data 지도 200p-B
가는 법 포트 루이스 시내에 위치 **주소** 9 Corderie St, Port Louis
전화 +230-5867-6781
운영 시간 월~토요일 05:00~17:30, 일요일 05:00~11:30

알루다 필라이

Tip 센트럴 마켓 1층에 알루다 최고의 맛집 알루다 필라이Alouda Pillay가 있다. 이곳을 방문했다면 필히 모리셔스 국민 음료 알루다를 맛보자.

50만 명의 인도인들이 거쳐간

아프라바시 가트 월드 헤리티지 사이트 Aapravasi Ghat World Heritage Site

포트 루이스 항구 앞에 위치한 건물로, 모리셔스가 다인종 국가로 발돋움한 곳이다. 아프라바시 가트는 힌디어로 '이민자 안내소'라는 뜻. 1833년 영국이 노예 제도를 폐지한 후 일을 찾아 인도에서 건너온 이들의 본부가 이곳이다. 모든 이주자들이 이틀간 이 곳에 머물며 이민 수속을 밟은 뒤 일자리를 찾아 떠났다고 한다. 1834년 11월 2일은 인도에서 온 노동자 360명이 처음 모리셔스에 도착한 날이다. 모리셔스는 이날을 국가 공휴일로 지정해 기념하고 있다. 그 후 1920년까지 무려 50만 명의 인도인이 아프라바시 가트를 거쳐갔다. 이주자에 대한 인적 사항을 기재한 문서가 지금까지 보관되고 있으며, 아프라바시 가트 건물과 함께 2006년 유네스코 세계 문화유산으로 등재되었다. 인도인들에게는 자신의 뿌리를 떠올리는 곳이자, 모리셔스의 역사가 새로 쓰여진 공간으로, 모리셔스 역사가 궁금하다면 필수 방문 코스다.

Data **지도** 200p-B
가는 법 포트 루이스 워터프런트에서 도보 5분
주소 1 Quay St, Port Louis
전화 +230-217-3158
운영 시간 월~금요일 09:00~16:00, 토요일 09:00~12:00
휴무 일요일, 공휴일
요금 무료
홈페이지 www.aapravasighat.org

지구 남반구에서 가장 오래된 경마장

샹 드 마르스 Champ de Mars

1812년 6월 25일 영국 총독이 지은 경마장으로, 지구 남반구에서 가장 오래된 경마장이자 세상에서 두 번째로 오래된 경마장이다. 오래전에 지어진 만큼 규모가 크지는 않지만, 지금까지도 경주가 열리고 있다.
모리시안에게 가장 인기 있는 스포츠인 경마는 3월 말부터 12월 첫째 주말까지 매주 토요일이나 일요일에 열린다. 가장 큰 레이스는 매해 9월에 열리는 메이든 컵Maiden Cup인데, 이때는 수만 명이 몰려와 열띤 응원을 벌인다. 특히, 샹 드 마르스는 트랙 바로 앞에서 말이 질주하는 모습을 볼 수 있다. 눈앞에서 박력 있게 달리는 말의 모습은 보는 사람의 심장박동수를 한껏 높인다. 그랜드 스탠드를 제외하면 입장료가 없다. 주말에 포트 루이스를 방문한다면 이곳을 방문해 보자. 워터프런트에서 도보로 이동이 가능하다.

Data 지도 200p-F
가는 법 포트 루이스 시내에서 도보 15분
주소 9 Dauphine St, Port Louis
전화 +230-212-2212
운영 시간 토요일 또는 일요일 12:30~16:30(시즌에 따라 시간이 변경되니 방문 전 확인할 것)
요금 무료(그랜드 스탠드 200루피)

포트 루이스가 발아래 펼쳐진

시타델 Citadel | Fort Adélaide

19세기에 지어진 영국군 요새. 당시 모리셔스를 통치하던 윌리엄 2세 부인 이름을 따 아들레이드 요새Fort Adélaide라고도 부른다. 요새는 100m 높이의 언덕에 거친 바위 블록으로 지어져 있다. 안쪽에는 군인 숙소와 지하 터널이 있다. 지금은 국가 기념물로 지정되었으며, 포트 루이스를 감상할 수 있는 근사한 전망대가 되었다. 경마 시즌에는 오전에 시타델을 돌아보고, 오후에 샹 드 마르스 경마장으로 이동하는 일정을 추천한다. 시타델 앞에 주차를 할 수 있다.

Data **지도** 200p-F
가는 법 샹 드 마르스에서 도보로 5분 **주소** Sebastopol St, Port Louis
전화 +230-5787-8893
운영 시간 월~금요일 08:00~16:00
휴무 토·일요일
요금 50루피

세계 최고가 희귀 우표가 전시된

블루 페니 박물관 Blue Penny Museum

1700년대 지어져 선착장 사무실로 사용되던 콜로니얼 건물을 개조해 2001년, 박물관으로 개관했다. 이 박물관에는 1838년부터 수집한 해양 지도, 그림, 조각, 우표, 판화 등을 전시하고 있다. 박물관에서 가장 귀한 대접을 받는 것은 1874년 발행된 빅토리아 여왕의 얼굴을 넣은 우표다. Post Office가 Post Paid로 잘못 인쇄된 희귀 우표로 세계에 27장이 남아 있다. 영국 국립 도서관, 그리고 이곳 박물관에 전시되어 있다. 우표 가격은 12억을 호가한다. 박물관 내 사진 촬영은 금지니 주의하자.

Data **지도** 200p-A
가는 법 포트 루이스 코단 워터프런트에 위치
주소 Caudan Waterfront, Block A, Port Louis
전화 +230-210-9204
운영 시간 월~토요일 10:00~16:30
휴무 일요일
요금 성인 245루피, 학생 120루피
홈페이지 www.bluepennymuseum.com

나만의 기념우표를 찾아서
모리셔스 우편 박물관 Mauritius Postal Museum

1995년에 박물관으로 개관했다. 1865년에 지어진 콜로니얼 건물을 우체국으로 함께 사용한다.
모리셔스는 1772년 프랑스인들이 처음으로 우편 및 통신 업무를 시작했는데, 박물관에서 200년 이상 된 모리셔스의 통신 역사를 볼 수 있다. 4개의 전시장에서 우편 서비스의 기원, 우체부 변천사, 각 지역으로의 이동 경로, 오래된 우체통과 스탬프 기계 등을 볼 수 있다. 오래된 우체통과 우표, 스탬프 등에 빈티지한 느낌이 가득하다. 유니크한 모리셔스 우표도 살 수 있다. 모리셔스의 색이 가득 담긴 우표는 기념품으로도 좋다.

Data 지도 200p-B
가는 법 포트 루이스 워터프런트에 위치 **주소** Trunk Rd, Port Louis
전화 +230-213-4812
운영 시간
월~금요일 09:30~16:30,
토요일 09:30~15:30
휴무 일요일
요금 성인 150루피,
8~17세 90루피
홈페이지 www.mauritiuspost.mu

모리셔스의 대성당
세인트 루이스 성당 St. Louis Cathedral

1756년에 완공된 대성당. 모리셔스에서 가장 오래된 성당이다. 당시 이곳의 기후를 고려하지 않고 기술력도 부족한 상태에서 성당을 짓다가 모리셔스를 강타한 태풍으로 몇 번이나 무너졌다. 이후 4번의 재건축 끝에 지금의 견고한 성당의 모습을 갖추었다.
모리셔스에서 가장 큰 기념행사가 이곳에서 열린다. 조금은 복잡하고 바쁜 포트 루이스에서 공원과 함께 여행자를 위한 쉼터 역할을 한다. 여행 중 잠시 쉬어가고 싶을 때 들르면 좋은 곳이다.

Data 지도 200p-E
가는 법 포트 루이스 워터프런트에서 도보 10분
주소 Bourbon St, Port Louis
운영 시간 24시간
요금 없음

모리셔스에는 휴화산이 있다!

트루 오 세프 화산 Trou aux Cerfs Volcano

모리셔스 중부 큐핍Curepipe에 있는 휴화산이다. 분화구까지 차를 타고 올라갈 수 있는 이 휴화산은 섬의 중부에서 빠지지 않는 관광 명소로, 마지막 폭발이 약 1,200년 전에 있었다. 분화구는 높이 605m, 직경 350m, 깊이 100m다.
분화구는 우기에만 약간 물이 고인다. 분화구 둘레를 한 바퀴 도는 약 1km의 산책 코스가 있는데, 대부분 울창한 숲에 가려져 자세히 볼 수 없다. 거대한 분화구를 상상하고 갔다면 실망할 수도 있다. 대신 높은 지대에 있어 상쾌한 공기를 마실 수 있다. 인근 산줄기의 아름다운 풍경도 즐기며 여유롭게 산책하기 좋다. 현지인들에게는 조깅 장소로 사랑받는다.

Data 지도 199p-E
가는 법 큐핍 다운타운에서 차로 10분
주소 Trou aux Cerfs Rd, Curepipe **운영 시간** 24시간 **요금** 없음

Tip 트루 오 세프 화산이 있는 큐핍Curepipe은 모리셔스 중부에 위치한 도시다. 모리셔스에서 네 번째로 큰 도시로 인구는 약 7만 명이다. 중부에 있는 도시 중 가장 높은 지대에 있어 기온이 선선하다. 큐핍에는 두 개의 대학과 식물원, 럭비 경기장 등이 있다. 다른 도시보다 조금 세련된 분위기다. 도시 중심에 위치한 세인트 테레스 교회Eglise St. Therese에 주차하고 마을을 돌아보자.

백 년 넘게 같은 자리를 지킨

알비옹 등대 Albion Lighthouse

모리셔스 서해안의 작은 마을 알비옹Albion에 위치한 30m 높이의 등대다. 거친 절벽과 동굴로부터 선박을 보호하기 위해 1910년에 세워진, 모리셔스에서 유일한 등대다. 이 등대는 100년이 넘은 지금도 해가 지면 10초에 두 번씩 깜빡거리며 충실히 자기 임무를 수행한다. 등대는 하얀색과 빨간색 스트라이프로 칠해져 마치 장난감처럼 예쁜 모습을 하고 있다. 특히, 선셋 시간에는 해안 절벽과 바다와 어울려 환상적인 분위기를 자아낸다.

등대 아래쪽으로는 용암이 식으면서 만들어진 바위 지대가 있는데, 워낙 장관이라 모리셔스 사진작가들의 출사 포인트로 사랑받는다. 바위 지대 안쪽에 있는 여러 개의 동굴은 알비옹 카야킹(069p)을 즐길 수 있는 장소다. 여행자가 많이 찾는 곳이 아니라 한적하고 고요한 풍경을 즐길 수 있다.

Data **지도** 199p-A
가는 법 포트 루이스에서 차로 30분
주소 Albion Lighthouse, Albion
운영 시간 24시간
요금 없음

엄지 척! 들어올린 트레킹 코스

르 푸스 Le Pouce

르 푸스Le Pouce는 '엄지손가락'이란 뜻을 가진 산이다. 멀리서 보면 산 정상이 엄지를 척 들어 올린 모습을 하고 있다. 산의 높이는 812m로, 모리셔스의 산 중 세 번째로 높은데 누구나 오를 수 있어 인기 트레킹 코스가 됐다. 오르는 수고에 비해 정상에서의 조망은 보상하고도 남을 만큼 멋지다. 트레킹 코스는 정상 직전까지 완만하다가, 정상부만 잠시 가파른 편이다. 초중급 난이도라 초보자도 하이킹하는 기분으로 오를 수 있다.

트레킹 소요 시간은 편도 약 2시간 정도. 트레킹을 하는 동안 모리셔스의 다양한 식물을 보고, 기분 좋게 지저귀는 새소리를 들을 수 있다. 모카Moka 지역 B47번 도로Bois Chéri RD에 트레킹 입구 간판이 있다. 입구 간판이 작아 잘 살펴야 한다. 어두워지기 전에는 하산하자.

Data **지도** 199p-B
가는 법 모카 지역 B46번 도로에서 B47번 도로를 만나는 지점
주소 Le Pouce, Port Louis

트레킹 입구 간판

과거의 모리셔스로 타임 슬립

메종 유레카 Maison Eureka

1830년에 지어진 우아한 콜로니얼 하우스다. 뒤로는 르 푸스 마운틴이, 앞으로는 초록빛 정원이 자리한다. 109개의 창문이 있는 메종 유레카는 지어진 당시부터 지금까지 모리셔스에서 가장 아름다운 집이자 가장 규모가 큰 집으로 알려져 있다. 식민지 시절 이곳의 아름다움에 매료된 귀족들로 여러 번 소유주가 바뀌었다. 노벨문학상을 받은 프랑스 작가 르 클레지오Le Clézio 가문이 살았던 곳이라 더욱 의미가 깊다.

집 내부는 식민지 시절 귀족들의 삶을 느낄 수 있도록 모든 것이 잘 보존되어 있다. 프랑스에서 수입한 고가구와 낡은 피아노, 전축, 먼지가 켜켜이 쌓인 장식품 등은 지금 보아도 탐날 정도로 고풍스럽다. 객실이 많지는 않지만 게스트하우스와 크레올 레스토랑을 함께 운영하고 있다. 레스토랑을 이용하면 입장료는 무료. 귀족이 된 기분으로 저택에 앉아 식사를 하는 것도 좋은 경험이다.

Data **지도** 199p-B
가는 법 포트 루이스에서 차로 17분 **주소** Moka
전화 +230-433-8477 **운영 시간** 월~토요일 09:00~17:00 **휴무** 일요일 **요금** 400루피
홈페이지 www.eureka-house.com

바비큐의 완승! 할랄 푸드 전문점

글로리아 패스트푸드 Gloria Fast Food

햄버거, 랩 등의 패스트푸드와 함께 바비큐를 맛볼 수 있는 할랄 푸드 전문점. 재빠른 손놀림으로 온종일 그릴에서 고기를 굽는다. 다양한 메뉴가 있지만 양고기와 소고기 바비큐가 압권이다. 주문과 동시에 미리 초벌로 구워 놓은 고기를 숯불에 다시 익혀 포장해준다. 연하고 부들거리는 식감과 고기 냄새를 싹 잡은 향이 좋다. 프렌치프라이와 바게트도 포함되어 있어 하나만 시켜 둘이 먹어도 충분하다.

Data **지도** 200p-C
가는 법 포트 루이스 센트럴 마켓에서 도보 10분 **주소** SSR St, Port Louis **전화** +230-240-8250
운영 시간 11:00~22:00 **가격** 치킨 바비큐 145루피, 양·소고기 바비큐 300루피

모리셔스에서 즐기는 수제 맥주

플라잉 도도 브루잉 컴퍼니 Flying Dodo Bruwing Company

모리셔스에서 하나뿐인 맥주 회사다. 레스토랑과 맥주 로고도 모리셔스를 상징하는 도도새로 만들었다. 인기 맛집 여러곳이 위치한 바가텔 몰에서도 가장 인기 있다. 맥주와 함께 피자, 치킨, 햄버거, 파스타 등 식사를 즐길 수 있다. 양조장을 세련되게 오픈한 인테리어가 독특하다. 주말 저녁이면 라이브도 진행하고 있다.

Data **지도** 199p-B
가는 법 바가텔 몰에 위치, 포트 루이스에서 차로 25분
주소 Bagatelle Mall, Moka **전화** +230-486-8810
운영 시간 월·목요일 11:~22:30, 화·수요일 11:00~21:00, 금요일 11:00~11:30 ,토요일 11:00~10:30, 일요일 15:00~18:00
가격 식사 200루피~, 맥주 165루피~
홈페이지 http://www.flyingdodo.com

럭셔리 리조트 럭스의 카페 브랜드

카페 럭스 Café LUX*

모리셔스와 몰디브, 중국, 이탈리아 등에 리조트가 있는 럭스가 호텔 밖에 개장한 최초의 카페다. 호텔에서만 판매하던 고급 커피 카페 럭스를 브랜드화 시켜 2015년 포트 루이스 코단 워터프런트에 첫 매장을 오픈했다.
시원하게 즐길 수 있는 콜드 드립 커피가 메인 메뉴고, 모리셔스 과일로 만든 주스와 유기농 티도 있다. 모리셔스에서는 꽤나 고가의 카페다. 소금 커피에 땅콩 가루가 솔솔 뿌려진 솔티드 캐러멜&피넛Salted Caramel&Peanut 프라페를 추천한다.

Data **지도** 200p-A
가는 법 포트 루이스 코단 워터프런트에 위치
주소 Caudan, Port Louis
전화 +230-214-1025
운영 시간 08:00~18:00
휴무 일요일
가격 커피 80루피~, 프라페 150루피~

포트 루이스 바다 풍경과 함께!

르 코단 워터프런트 푸드 코트 Le Caudan Waterfront Food Court

포트 루이스 쇼핑몰 코단 워터프런트에 위치한 푸드 코트다. 1층 바다가 펼쳐진 좌석에서 바닷바람을 맞으며 식사를 할 수 있다. 풍경으로 치면 모리셔스 최고의 푸드 코트다.
인도식 식사를 할 수 있는 나마스테Namaste, 유럽식 메뉴를 파는 아티스타L'Artista가 인기 매장이다. 한국에 비하면 소박한 푸드 코트이지만 경치는 제법 좋다.

Data **지도** 200p-A
가는 법 포트 루이스 워터프런트에 위치 **주소** Le Caudan Waterfront, Marina Quay, Caudan, Port Louis **전화** +230-211-9500
운영 시간 10:00~22:00
휴무 일요일
홈페이지 www.caudan.com

인디아 디저트란 이런 것!

봄베이 스위츠 마트 Bombay Sweets Mart

모리셔스는 인도식 먹거리가 많다. 이 가운데 눈에 띄게 생소한 것이 디저트류다. 모리셔스에서는 달달한 디저트를 미타이Mithai 라고 부르는데, 미타이는 먹어보기 전에는 맛을 상상하기 힘든 모양새가 많다.

봄베이 스위츠 마트는 모리셔스에서 가장 널리 알려진 미타이 맛집. 1969년 오픈해 지금까지 성업 중이다. 파티 음식이나 선물용으로 인기가 많다. 디저트는 크기가 작고 다양하다. 가격도 상당히 저렴하니 마음에 드는 것들로 골라 담아보자.

Data **지도** 200p-B
가는 법 포트 루이스 센트럴 마켓에서 도보 5분
주소 Bourbon St, Port Louis
전화 +230-212-1628
운영 시간
월~금요일 10:30~17:00,
토요일 10:00~14:00
휴무 일요일
가격 개당 10루피~

차이나타운의 리얼 차이니스 푸드

모 저우 차이니스 푸드 Moy Zhou Chinese Food

포트 루이스에는 차이나타운이 있다. 중국인들이 대를 이어 살며 중국 문화, 언어 그리고 음식을 보존해오는 곳이다. 다른 나라에 비해 차이나타운의 접근성은 좀 떨어지는 편. 하지만 한국인에게도 익숙한 메뉴에 가격이 저렴하며, 평점이 좋은 중식 레스토랑이 꽤 있다.

그중에서도 모 저우 차이니스 푸드의 커다란 닭튀김, 윤기가 잘잘 흐르는 돼지고기 요리, 짭조름하게 볶은 소고기 요리 등은 가격도 적당하고, 맛도 좋다. 모리셔스 여행 중 익숙한 음식이 그리울 때 찾아보자.

Data **지도** 200p-B
가는 법 포트 루이스 차이나타운에 위치 **주소** Nam Shun Society Bulding, Emmanuel Anquetil St, Port Louis
전화 +230-217-0234
운영 시간
월·화요일 11:00~15:00,
수~일요일 11:00~20:30
가격 리 프리 100루피~,
메인 150루피~
홈페이지
moy-zhou.restaurant.mu

모리시안의 문화를 공유하는 공간

에스칼 크레올 Escale Creole

크레올 하우스를 개조해 오픈한 레스토랑. 모리셔스 음식뿐 아니라 문화와 라이프 스타일을 공유하는 데 목적이 있다. 그래서 인지 음식 플레이팅도 홈 파티를 연상시키는데, 여느 레스토랑과 달리 꾸미지 않은 투박한 그릇에 크레올 음식을 담아낸다. 메뉴는 전통 크레올 레시피로 만든 가정식 상차림으로 2가지와 4가지 요리가 세트로 나온다. 평일 점심 영업시간은 채 3시간도 안 된다. 여행 기간이 짧다면 미리 예약 하는 게 좋다.

Data 지도 199p-B
가는 법 모카 지역, 메종 유레카와 르 푸스 등산로 사이에 위치
주소 B46, Bois Chéri Rd, Moka
전화 +230-5422-2332
운영 시간 12:00~14:45
휴무 토·일요일
가격 1인 300~600루피
홈페이지 www.escalecreole.net

포트 루이스에서 즐기는 프랑스 요리

르 코트야드 레스토랑 Le Courtyard Restaurant

콜로니얼 건물을 복원한 고풍스러운 분위기의 유럽식 레스토랑이다. 매력적인 테라스와 조형물, 세련된 인테리어로 다이닝을 즐기는 사람들에게 핫플레이스로 알려졌다. 월~목요일은 아침과 점심, 금요일은 저녁까지 오픈한다. 토·일은 영업시간이 좀 짧은 편인데 현지인들을 위한 예약제 개인 파티 플레이스로 운영하기 때문이다. 독창적이고 풍미가 좋은 프랑스 요리로 시각과 미각의 행복을 느낄 수 있다.

Data 지도 200p-D
가는 법 포트 루이스 워터프런트에서 도보 10분 **주소** Rue Chevreau,Saint Louis, Port Louis
전화 +230-210-0810 **운영 시간** 월~목요일 09:00~15:30 금요일 09:00~20:30 **휴무** 토·일요일
가격 스타터 450루피~, 메인 700루피~ **홈페이지** www.le-courtyard.com

Les
Copains
D'abord
6319728

여행자의 필수 방문지

르 코단 워터프런트 Le Caudan Waterfront

1996년 오픈한 쇼핑센터로, 모리셔스에서 가장 오래된 쇼핑몰이다. 고급 브랜드가 많지는 않지만, 푸드 코트와 각종 기념품숍, 영화관, 카지노, 박물관 등이 모여 있어 현지인들이 볼거리, 먹을거리를 즐기는 장소다.
여행자에게는 계절마다 컬러가 바뀌는 알록달록한 우산 아래서 기념사진을 찍는 여행 코스다. 바다와 항구의 뷰가 멋진 곳이라 꼭 쇼핑을 하지 않더라도 시간을 보내기 좋다. Adamas, Poncini, Shiv Jewels 등 주얼리숍 몇 곳은 면세가 되니 관심 있다면 들러보자.

Data **지도** 200p-A
가는 법 포트 루이스 워터프런트에 위치 **주소** Marina Quay, Caudan, Port Louis
전화 +230-211-9500 **운영 시간** 09:00~19:00 **홈페이지** www.caudan.com

세상에 단 하나뿐인 기념품이 있는 곳

크래프트 마켓 Craft Market

르 코단 워터프런트 1~2층에는 크래프트 마켓이 있다. 이곳에 가면 아프리카 특유의 전통 공예품들을 볼 수 있다. 구경하는 족족 손에 넣고 싶은 특별한 작품들이 가득하다. 제품의 퀄리티도 좋은 편이다. 가격이 저렴하지는 않지만, 세상에 단 하나뿐인 나만의 기념품을 가질 수 있다.

Data **지도** 200p-A
가는 법 르 코단 워터프런트에 위치
운영 시간 09:00~17:00 **휴무** 일요일
홈페이지 www.caudan.com/shop/shopping/art-souvenirs-crafts/le-craft-market

세일 상품이 많은 슈퍼마켓

점보 리슈 테르 Jumbo Riche Terre

모리셔스에서 가장 저렴한 가격대의 제품을 판매하는 마트다. 현지인에게 인기 있는 상품이 가득하다. 처음 보는 향신료와 소스, 아프리카 각지에서 넘어온 식자재 등이 가득해 구경하기 좋다. 대형 마트의 꽃인 세일 프로모션 제품도 많아 더 즐겁다. 단, 차가 없으면 가기 힘든 위치에 있으니 참고하자. 포트 루이스에서 그랑 베이로 가는 길에 있다.

Data **지도** 199p-B **가는 법** 포트 루이스에서 차로 10분 **주소** Riche Terre Rd, Port Louis **전화** +230-206-9300 **운영 시간** 월~목요일 09:00~21:00 금·토요일 09:00~22:00 일요일 09:00~20:00 **홈페이지** jumbo.mu

흥정의 기술을 발휘하자!

포트 루이스 센트럴 마켓 2층

센트럴 마켓 2층은 1층 청과물 시장과 판매하는 물건도, 상인도 다른 모습을 하고 있다. 모리셔스에서 기념품을 살 수 있는 곳으로 유명하지만 바가지가 심하다. 깎고 또 깎아도 계속 내려가는 가격은 마치 상점 주인이 부리는 마술을 보는 듯하다. 모리셔스에서 가장 다양한 기념품을 살 수 있는 곳이니 꼭 들러보자. 단, 흥정의 기술을 발휘하는 것은 필수다.

Data **지도** 200p-B **가는 법** 포트 루이스 시내에 위치 **주소** 9 Corderie St, Port Louis **전화** +230-5867-6781 **운영 시간** 월~토요일 05:00~18:00, 일요일 05:00~12:00

모리셔스에서 가장 큰 쇼핑몰

바가텔 몰 오브 모리셔스 Bagatelle Mall of Mauritius

바가텔 몰은 모리셔스에서 가장 큰 쇼핑몰이다. 포트 루이스에서 콰트르 본Quatre Bornes이나 큐핍Curepipe 등 내륙으로 들어갈 때 거쳐가는 모카Moka에 위치해 있다. 다양한 맛집이 모여 있는 푸드 코트가 있어 외식 장소로도 인기 있다. 또한, 중저가 브랜드가 다수 입점해있는데 가격이 그다지 저렴하지는 않다. 여행 중 꼭 필요한 것을 쇼핑할 때 들르자.

Data **지도** 199p-B **가는 법** 포트 루이스에서 차로 20분
주소 Moka **전화** +230-5258-0987 **운영 시간** 월요일 09:30~19:00, 화~목요일 09:30~20:30, 금·토요일 09:30~22:00, 일요일 09:30~17:30
홈페이지 www.mallofmauritius.com

프라이빗한 모리셔스의 별장

더 오베로이 모리셔스 The Oberoi Mauritius ★★★★★

그랑 베이와 포트 루이스 중간에 자리한 리조트. 약간 위치가 애매하지만, 자연과 어우러지는 모리셔스 여행을 꿈꾼다면 숙소로 이곳을 추천한다. 단독 빌라로 72개의 객실이 있는데, 모든 객실이 별장 느낌으로 설계되었다. 객실은 천연 원목 소재에 모리셔스 전통 디자인을 가미해 이국적인 느낌이 물씬 풍기며, 객실마다 넓고 아름다운 단독 정원이 있다.

또한, 절반 이상의 객실이 정원에 11m 길이의 프라이빗 수영장이 있는 풀 빌라다. 모리셔스 리조트 가운데 객실에 딸린 프라이빗 공간이 가장 넓다. 겨울이면 풀장의 온도까지 조절해준다. 리조트가 있는 600m의 비치는 거북이가 자주 출몰하는 스노클링 포인트다. 밤이면 분위기 있는 라이브 재즈 공연이 펼쳐진다. 2~3베드룸이 있어 가족 여행 리조트로도 손색이 없다. 조식과 석식이 포함된 하프 보드, 풀 보드 패키지가 있다.

Data 지도 199p-B
가는 법 그랑 베이에서 차로 20분 **주소** Turtle Bay, Pointe aux Biches **전화** +230-204-3600
요금 럭셔리 파빌리온 510유로, 럭셔리 빌라 671유로 **홈페이지** www.oberoihotels.com

모리셔스의 자연이 함께하는 웨스틴의 고전

더 웨스틴 터틀 베이 리조트&스파

The Westin Turtle Bay Resort&Spa ★★★★★

스타우드 계열의 럭셔리 브랜드 웨스틴 리조트. 오베로이 모리셔스와 사이좋게 터틀 베이를 공유하고 있다. 길게 뻗은 비치를 따라 자리해 풍경이 근사하고, 객실이 비치와 가깝다. 190개의 객실을 보유한 대형 특급 리조트지만 다른 특급 리조트에 비해 숙박 요금이 저렴한 편. 넓은 메인 풀장과 성인 전용 풀장, 5개의 레스토랑, 24시간 운영되는 클럽 라운지가 있다. 풀 보드 패키지는 금액 한도가 있어 오버될 경우 체크아웃 시 생각보다 비싼 요금이 추가되니 주의할 것! 수상스키, 카약, 스노클링, 글래스 보트 등 무료 액티비티를 이용할 수 있다.

Data **지도** 199p-B
가는 법 그랑 베이에서 차로 20분 **주소** Balaclava, Turtle Bay **전화** +230-204-1400 **요금** 디럭스룸 300유로~, 그랜드 디럭스룸 오션뷰 350유로~ **홈페이지** www.westinturtlebaymauritius.com

포트 루이스 명당을 차지한 비즈니스 호텔

라부르도네 워터프런트 호텔

Labourdonnais Waterfront Hotel ★★★★★

포트 루이스에 있는 호텔 중 가장 좋은 위치를 차지한 5성급 비즈니스 호텔이다. 휴양을 위한 호텔은 아니지만 우아하고 고급스러운 시설과 분위기를 갖추었다. 인근에 위치한 관광지와의 접근성도 좋아 인기가 많다. 클래식룸, 이그제큐티브룸, 스위트룸, 럭셔리 스위트룸 등 7가지 타입의 105개 객실이 있다. 여성 전용 객실도 있다.

Data **지도** 200p-A
가는 법 포트 루이스 워터프런트에 위치 **주소** Le Caudan Waterfront, BP 91, Port Louis
전화 +230-202-4000 **요금** 클래식룸 265유로~, 이그제큐티브룸 300유로~ **홈페이지** www.caudan.com/hotels/le-labourdonnais

가족 여행자에게 가성비 갑!

시타델 몰 아파트먼트

Citadelle Mall Apartments

5명 정원의 아파트를 통으로 렌트하는 숙소다. 가스레인지, 오븐, 냉장고 등 집에 필요한 모든 것이 준비된 3베드룸 하우스다. 포트 루이스 한복판에 있어 시내는 도보로 이동할 수 있으며, 다른 관광지로 이동하기도 좋은 편이다. 2박 이상 예약 가능하다. 조식 서비스는 없지만, 근처에 마트나 레스토랑이 많다.

Data **지도** 200p-B
가는 법 포트 루이스 차이나타운에 위치
주소 Sir Virgil Naz St, Port Louis
요금 3베드룸 2박 180유로
홈페이지 citadelle-mall-apartments.mauritius-hotels-holidays.com

휴양도 관광도 다 즐기자!

코코티에 호텔 Cocotiers Hotel

포트 루이스에서 북쪽으로 10분 거리의 톰뷰 베이를 끼고 있는 작은 부티크 호텔이다. 약간 외진 곳에 있는 대신 숙박료가 저렴하다. 마사지, 풀장, 비치 바, 당구장, 다트 보드 등 부대시설을 알차게 갖추었다.

Data **지도** 199p-B **가는 법** 포트 루이스에서 차로 10분 **주소** Tombeau Bay **전화** +230-206-8600
요금 스탠다드룸 70유로, 더블룸 85유로
홈페이지 www.cocotiers-hotel-mauritius.com

아이들과 함께 추억을 만드는 곳

리바 벨라 Riva Bella

가족 여행자에게 추천하는 아파트형 숙소. 2~4베드룸이 있어 8인까지 머물 수 있다. 조용한 비치가 옆에 있고, 풀장도 있다. 또한, 주방용품과 세탁기를 갖추고 있고, 숙소 바로 건너편에 마트가 있다.

Data **지도** 199p-A **가는 법** 포트 루이스에서 차로 20분 **주소** Royal Rd Pointe aux Sables
요금 2베드룸 77유로~, 3베드룸 85유로~

감각적인 콜로니얼 하우스

빌라 아나카오 모리셔스 Villa Anakao Mauritius

모리셔스 콜로니얼 하우스에서 하룻밤 머물고 싶다면 이용하자. 객실은 10개뿐이지만, 여행을 돕는 스태프가 있고, 객실마다 바다가 보이는 근사한 테라스가 있다. 도보로 마트나 식당을 찾아갈 수 있다. 숙박료는 저렴한 편.

Data **지도** 199p-A **가는 법** 포트 루이스에서 차로 20분 **주소** 154 Royal Rd, Pointes aux Sables, Port Louis **전화** +230-234-2035
요금 2인실 가든뷰 120유로~, 2인실 시뷰 140유로~
홈페이지 www.mauritius.villa-anakao.com

예쁘고 로맨틱한 부티크 호텔

더 어드레스 부티크 호텔 The Address Boutique Hotel

객실, 테라스, 풀장 등이 예쁘게 디자인된 부티크 호텔. 호텔에서 보이는 바다 조망이 멋지다. 모든 객실에 넓은 테라스가 있다. 어느 조망의 객실을 선택하든 기분 좋은 풍경을 볼 수 있다. 조식과 석식이 포함된 하프 보드가 있다.

Data **지도** 199p-B **가는 법** 포트 루이스에서 차로 10분 **주소** Terre Rouge, Port Chambly **전화** +230-405-3000 **요금** 클래식룸 130유로, 스위트룸 180유로
홈페이지 www.addressboutiquehotel.com

여행 준비 컨설팅

많은 여행자들이 여행을 떠나야겠다고 마음먹은 순간부터 걱정에 휩싸인다. 하지만 하나하나 준비하다 보면 어느새 두려움은 사라지고 설렘만 남는다. 미리미리 준비하면 여행 비용도 절감되고, 여행지에서 우왕좌왕하는 일도 줄어든다. 여행 날짜에 맞춰 하나씩 준비해보자.

D-60

MISSION 1 두근두근, 여행을 꿈꾸다

1. 큰 그림 그리기

우선 여행의 성격을 정한다. 허니문, 나 홀로, 가족 여행 등 여행의 성격에 따라 여행이 크게 좌우된다. 특히 모리셔스처럼 휴양지로 각광받으면서 리조트가 많은 곳은 더욱 그렇다. 그 후에 여행 타입을 정한다.

리조트에서 휴양하다 잠시 관광을 할지, 렌터카를 대여해 자유롭게 여행을 다닐지 결정한다. 산과 바다를 두루 누비며 모리셔스의 액티비티를 즐기려면 테마를 미리 정해놓고 사전 준비를 해야 한다.

2. 여행 시기 정하기

여행 시기와 기간을 정하자. 휴가나 연휴를 이용해 갈 것인지, 여행은 며칠 동안 다녀올 것인지를 구체화하자. 모리셔스를 여행하기 좋은 시기는 9~5월이다. 11~2월은 성수기로 비수기보다 리조트 호텔 등 숙박 요금이 비싸다.

비수기는 6~8월이다. 겨울에 해당하며 모리셔스가 조금 썰렁한 시기. 여행은 가능하지만 바다에서 휴양하기는 쌀쌀한 날씨다. 자신의 여행 취향과 예상 비용에 맞춰 시기를 선택하자.

D-40

MISSION 2 여행의 기본 준비물

1. 여권&국제운전면허증

해외여행의 필수품이다. 여권이 있다면 잔여 유효기간이 6개월 이상인지 확인하자. 신규 및 재발급은 서울에서는 모든 구청, 지방에서는 도청이나 구청의 민원여권과에서 신청하면 된다. 필요 서류는 신청서 1통, 여권용 사진 1매, 신분증이다. 여권 발급 소요 기간은 3~7일이며, 발급 수수료는 55,000원이다. 기타 자세한 정보는 외교 통상부 여권 안내 페이지(www.passport.go.kr)를 참조할 것.

렌터카 여행을 준비하고 있다면 국제운전면허증 발급도 잊지 말자. 여권, 신용카드, 운전면허증을 지참하고 주소지의 경찰서에 방문하면 바로 발급이 가능하다. 발급 수수료는 8,500원이다.

2. 항공권을 예매하자

항공권은 여행 경비에서 큰 부분을 차지하는 것 중 하나. 인천에서 모리셔스는 아직 직항 노선이 없다. 경유편을 이용해야 한다. 여행 기간이 넉넉하다면 싱가포르, 홍콩, 두바이, 이스탄불 등과 함께 경유지 여행을 해도 좋다.

모리셔스 항공권은 보통 150~180만 원이다. 비수기에는 그보다 더 저렴하기도 하다. 경유지가 어디인가에 따라서 항공 요금의 차이가 있어서 손품을 좀 팔아야한다. 성수기를 제외하고 프로모션을 하는 경우가 종종 있으니 부지런히 살펴보자. 취항지가 많고 편하게 이용이 가능한 에어모리셔스 홈페이지(www.irmauritius.com)를 들어가보는 것도 좋다.

항공권 가격 비교 사이트

- **스카이스캐너** www.skyscanner.co.kr

국내 여행사 및 항공권 예약 사이트

- **트립닷컴** kr.trip.com
- **인터파크 투어** tour.interpark.com

3. 여행자 보험에 가입하자

하루나 이틀 다녀오는 것도 아니고, 비행기를 10시간 이상 타고 가는 해외여행이다. 여행지에서 일어날 만약의 사고, 도난 및 분실에 대비해 여행자 보험을 꼭 가입하자. 보험료는 성별, 연령, 기간, 보장 범위 등에 따라 상이한데, 보험사 홈페이지를 통해 가입하는 게 가장 저렴하다. 바쁜 일정으로 미리 챙기지 못했다면 출국 당일 공항에서도 가입할 수 있다.

고가의 카메라나 휴대폰을 가지고 가는 여행자라면 분실물 보상도 가능한지 확인할 것. 보상 시 필요한 서류도 미리 알아 놓으면 좋다. 여행 중 병원에 갔다면 병원 영수증, 분실 혹은 사고가 발생했다면 폴리스 리포트를 챙겨 두어야 한다.

D-30

MISSION 3 숙소 예약

모리셔스는 관광 산업이 발달한 나라다. 웬만한 숙소도 기본 이상이다. 한국에는 대형 럭셔리 리조트만 알려져 있지만 실속 있는 작은 리조트와 호텔이 아주 많다. 숙소 시설이 노후화되거나 직원이 불친절해 여행을 망치는 일은 거의 없다. 일정과 예산, 위치를 고려해 선택하면 된다. 특히, 모리셔스 여행을 비수기에 간다면 특가를 노려볼 만하다. 가격 비교/예약 사이트에서 원하는 호텔을 검색해보거나 호텔 공식 홈페이지에 들어가 자체 프로모션이 있는지 확인해보자. 호텔과 리조트는 무료 주차장이 있어 렌터카가 있어도 걱정 없다.

허니문 여행이 많아 1박에 500유로를 호가하는 곳도 많지만, 중가의 호텔과 100유로 정도의 저가 아파트먼트도 많다. 메인 비치에서 조금 떨어질수록 부대시설이 좋으면서 가격이 저렴해진다. 이 부분을 잘 활용하면 근사한 숙소를 아주 저렴하게 구할 수 있다. 가족 단위 여행자라면 에어비앤비를 고려해보는 것도 좋다. 인원이 많다면 2~3베드룸의 아파트를 렌트할 수도 있다.

모리셔스 숙소 가격 비교/예약 사이트

- **트립어드바이저** www.tripadvisor.co.kr
- **부킹닷컴** www.booking.com
- **익스피디아** www.expedia.co.kr
- **에어비앤비** www.airbnb.com

D-20

MISSION 4 쓱~ 여행 정보 수집

1. 가이드북을 보자

모리셔스는 아직까지 신혼여행지로만 알려져 있어, 인터넷에는 대부분 비슷한 일정의 여행기가 많다. 모리셔스 자유여행으로 적합한 〈모리셔스 홀리데이〉를 살펴보며 내가 원하는 여행 스타일을 찾아보자.

2. 입소문을 참고하자

모리셔스는 핫한 여행지다. 주변에 다녀온 사람들이 있다면 생생한 후기를 들어보자.

3. 인터넷을 뒤지자

네이버 카페와 블로그, 인스타그램에 올라오는 실시간 정보를 얻자. 자세한 리뷰를 찾아보거나 질문과 답변을 통해 구체적인 궁금증도 해결할 수 있다. 모리셔스는 허니무너를 타깃으로 한 광고성 게시물도 많으니, 원하는 정보만 걸러서 보는 눈이 필요하다.

모리셔스 여행 정보 사이트

- **모리셔스 관광청**

www.tourism-mauritius.mu

D-5

MISSION 5 똑소리나게, 여행 경비 준비

1. 환전하기

모리셔스 화폐는 루피Rupee다. 한국에서는 환전이 불가능하다. 한국에서 유로로 환전한 다음 모리셔스 도착 후 공항이나 도심에서 루피로 환전한다. 국내에서 환전 시 주거래 은행에서 하면 수수료 할인을 받을 수 있다. 공항에서 환전하는 것보다 주거래 은행의 인터넷 또는 전화 환전이 수수료 할인율이 좋다. 인터넷이나 전화로 신청하고 공항이나 지정 은행 창구에서 찾으면 더 편리하다.

2. 신용카드

대부분의 리조트와 고급 레스토랑, 쇼핑센터는 신용카드Visa, Master 사용이 가능하다. 그러나 현지식 레스토랑과 관광지는 현금을 내야 하는 경우가 많다. 여행 중에는 현금과 카드를 적절히 분배해서 사용하자.

여행 전 본인의 카드가 해외 사용이 가능한지 확인하자. 신용카드 혜택 중에 환율 우대를 받을 수 있는 것도 있다. 새로 만들어야 한다면 참고하자. 여행 중 현금이 필요한 경우 ATM에서 체크카드나 신용카드로 현금 서비스를 받을 수 있다.

3. 국제현금카드

내 통장에 있는 돈을 모리셔스 ATM에서 루피로 인출할 수 있다. 여행 일정이 길고, 많은 현금을 들고 다니기 불편하다면 그때그때 필요한 만큼만 인출해서 사용할 수 있어 좋다. Plus나 Cirrus 등의 마크가 찍힌 국제현금카드를 준비하자. ATM에서 인출 시 그날의 매도율 기준으로 환전이 되며 거래액의 약 1%에 해당하는 수수료가 청구된다. 현금 인출은 하루에 1만 루피까지 가능하다. ATM기는 모리셔스 곳곳에서 쉽게 찾아볼 수 있다.

D-2

MISSION 6 완벽하게 짐 꾸리기

여권

없으면 출국이 불가능하다. 분실을 대비해 카피해놓거나, 스마트폰으로 사진을 찍어 저장해 둘 것. 여권용 사진 2~3매도 준비하자.

바우처(호텔, 항공권)

출력해서 클리어파일에 넣어두면 당황하는 일이 없다. 스마트폰에 바우처를 캡처해놓는 것도 좋은 방법이다.

의류

여름옷과 가디건은 필수다. 겨울 시즌에 떠난다면 간절기 의류도 챙기자. 방수되는 바람막이 재킷은 아주 유용하다. 일교차가 심한 날엔 스카프를 사용하는 것도 좋다. 모리셔스는 아름다운 바다와 풀장을 갖춘 리조트가 많으니 수영복은 기본이다.

편한 신발

비치에서 신을 발가락 슬리퍼, 사진이 예쁘게 나오는 스니커즈나 구두, 트레킹 계획이 있다면 운동화도 챙기자. 발이 힘들면 여행이 힘들다. 여행할 땐 편한 신발이 최고다.

3단 우산

부피가 작을수록 좋다. 잦은 비 소식이 있더라도 일정을 소화할 수 있도록 챙겨놓자. 우비를 가져가도 된다.

세면도구

럭셔리 호텔이라면 아무것도 준비하지 않아도 되지만, 게스트하우스나 아파트먼트는 가끔 어메니티가 부족한 경우가 있다. 칫솔과 치약은 기본적으로 챙길 것.

충전기

휴대폰, 카메라, 노트북 등의 충전기를 챙겨가자. 플러그는 220~240V에 3구를 사용한다. 멀티 어댑터를 챙겨가면 편하다.

비상약

감기약, 모기약, 소화제, 반창고 등의 기본 약품을 챙겨가자.

가이드북, 필기구

여행의 길라잡이 〈모리셔스 홀리데이〉와 메모를 위한 필기구를 가방에 쏙!

물티슈 또는 손 세정제

의외로 유용한 아이템이다. 올리브영이나 왓슨스 같은 드러그스토어에서 휴대용 미니 사이즈를 판다.

보조 가방

가벼운 보조 가방은 여행의 필수품이다.

카메라

메모리 카드도 넉넉히 준비하자. 물놀이 계획이 있다면 방수 카메라도 좋다.

반짇고리

단추가 떨어지거나 옷이 해졌을 때 유용하다.

선글라스, 선크림

낮이면 눈이 부신 모리셔스에서 필수품이다. 모리셔스의 뜨거운 태양으로부터 내 피부를 보호하자.

화장품

작은 용기에 덜어가거나 샘플로 짐을 줄이자.

D-day

MISSION 7 드디어 출발!

1. 인천 국제공항에서 출국하기

❶ 최소 2시간 전에는 공항에 도착하자. 입구 쪽 모니터를 통해 자신이 이용할 항공사의 카운터 위치를 확인할 수 있다.

❷ 항공사 카운터에서 여권과 항공권을 제시하고, 보딩 패스를 받는다. 온라인 예약 시 좌석을 선택하지 않았다면, 카운터에서 자신이 원하는 자리를 선택할 수 있다.

❸ 항공사별로 별도의 무게 제한이 있으니 사전에 미리 확인한다. 수하물을 부치고, 5분간 카운터 근처에 머물자. 짐 안에 부적합 수하물이 있는지 확인이 끝난 후 이동해야 한다. 맥가이버 칼 등의 날카로운 물체나 라이터, 100ml 이상의 액체류는 기내 반입이 불가하다. 보조 배터리는 반드시 기내에 들고 타야 한다.

❹ 출국 검사장으로 들어가 짐 엑스레이와 몸 검사를 통과한다. 노트북을 소지했을 경우, 가방에서 꺼내 별도로 바구니에 넣자.

❺ 여권과 보딩 패스를 제시하고 출국 심사를 받는다. 자동 출입국 심사 서비스를 가입하면 전용 심사대에서 신속하게 완료할 수 있다. 자동 출입국 심사 서비스 가입 방법 페이지(www.ses.go.kr)를 참고할 것.

❻ 항공사에 따라 인천공항 제1여객터미널과 제2여객터미널로 나누어지니 터미널 위치를 확인하자.

❼ 탑승구에는 최소 30분 전까지 도착해야 한다.

2. 모리셔스 시우사구르 람구람 국제공항으로 입국하기

❶ 모리셔스로 입국하려면 입국 신고서와 건강 신고서를 작성해야 한다. 입국 신고서는 모리셔스에서 체류하는 호텔 주소와 이름, 6개월 전까지 방문했던 나라 등을 체크한다. 나머지 기본 정보와 함께 빈틈없이 꼼꼼하게 작성하자.

❷ 공항에 도착한 후에는 여권, 출입국 신고서와 건강 신고서, 리턴 티켓 등을 미리 챙겨 입국 심사대에 줄을 선다. 예약한 호텔을 확인하니 예약 바우처도 미리 준비해놓자.

❸ 항공편의 짐이 도착하는 레일 번호를 확인한 후 화물을 기다린다. 화물이 도착하면 짐을 챙겨 공항 밖으로 나가자.

Tip 모리셔스 공항은 세련되고 깔끔한 편이다. 또, 와이파이 사용이 가능하니 참고하자. 공항에 있는 면세점에서는 모리셔스 특산품과 화장품, 담배와 주류 등을 파는데 저렴하지는 않다.

Tip ❶ 자동 출입국 심사

만 19세 이상 대한민국 여권 소지자라면 사전 등록 절차 없이 자동 출입국 심사 서비스를 이용할 수 있다. 그러나 만 19세 미만 또는 인적 사항이 변경되었거나 주민등록증을 발급받은 지 30년이 지난 사람은 사전 등록을 해야 한다.
사전 등록은 인천공항 제1터미널 출국장 3층 F발권 카운터 앞 등록 센터 및 제2터미널 2층 중앙 정부종합 행정 센터 쪽 등록 센터에서 할 수 있다. 운영 시간은 모두 07:00~19:00까지. 사전 등록 시 여권과 얼굴 사진 준비는 필수다.

Tip ❷ 인천 국제공항 터미널을 확인하자!

인천 국제공항의 터미널은 제1터미널과 제2터미널로 나뉘어 운영된다. 두 터미널의 거리가 꽤 떨어져 있는데다가, 각각 취항 항공사가 다르므로 출발 전 어느 터미널로 가야 하는지 꼭 확인해야 한다. 자칫 터미널을 잘못 찾을 경우 비행기를 놓칠 수도 있다.
대한항공, 델타항공, 에어프랑스, KLM네덜란드항공을 이용하는 경우에는 제2터미널로, 그 외 항공사를 이용하는 경우에는 제1터미널로 가야 한다. 터미널 간 이동은 무료 순환버스(5분 간격 운행)를 이용할 수 있다. 제1터미널 3층 중앙 8번 출구, 제2터미널 3층 중앙 4~5번 출구 사이에서 출발하며 15~20분 소요된다.

Holiday

MISSION 8 시우사구르 람구람 국제공항에서 시내로 들어오기

1. 버스

시우사구르 람구람 국제공항에서 운행하는 공항버스는 없다. 주요 도시로 가는 버스는 3개 노선이 있다. 공항 버스정류장은 공항 주차장 중간에 있으며, 출국장에서 나와 오른쪽 방향으로 가면 된다. 도보 5분 거리다. 단, 모리셔스에서 버스는 주요 교통수단이 아니라는 점을 명심할 것. 버스 이용 시 버스 시간을 미리 확인하는 습관을 들이는 게 좋다. 또, 목적지의 노선을 확인한 후 환승지도 꼭 확인하자.
공항에서 9번 버스를 타면 마헤부르와 큐핍에 갈 수 있다. 10번은 마헤부르에, 198번을 타면 포트 루이스에 갈 수 있다. 요금은 목적지에 따라 다르나, 8~15루피 정도다.

2. 택시

모리셔스에는 우버 택시가 없다. 일반 미터 택시를 이용해야 하는데, 저렴한 버스에 비해 요금이 상당히 비싼 편이다. 택시 기본 요금은 125루피다. 하지만 짐이 무거울 때나, 시간이 넉넉하지 않다면 택시를 이용하는 게 가장 좋다. 모리셔스 택시는 미터기에 찍히는 요금대로 운행하는 경우는 거의 없고, 도시마다 정해진 요금대로 운행한다. 택시는 24시간 이용 가능하며, 택시를 이용할 경우 흥정을 시도해보자.

꼭 알아야 할 모리셔스 필수 정보

모리셔스 공화국은 아프리카 마다가스카르 동쪽, 인도양의 남서쪽에 있는 화산섬이다. 수도 포트 루이스가 있는 중부, 그랑 베이가 있는 북부, 르 몽 해변을 중심으로 한 남서부, 마헤부르가 있는 동부로 나뉘진다.

시차

한국보다 5시간 느리다.

언어

공식 언어는 영어지만, 프랑스어와 크레올어도 사용한다.

인구

약 127만 명(2023년 기준).

종교

국교는 없으며, 종교 비율은 힌두교, 가톨릭교, 이슬람교 순이다.

기후

일 년 내내 온화한 열대기후. 평균 기온은 20~26도 사이를 유지한다. 6~8월은 겨울이라 조금 썰렁하다.

비자

무비자로 90일까지 체류 가능하다.

통화

루피MUR. 1 루피는 약 28원(2023년 3월 기준)

전압

220, 240V. 50Hz로 3구짜리 멀티 어댑터를 별도로 준비해야 한다.

전화

국가 번호 230.

유용한 전화번호

마다가스카르 한국 대사관

전화 +261-20-222-2933

케냐 나이로비 한국 대사관

전화 +254-20-361-5000

*모리셔스에는 한국 대사관이 없다.

해외 안전 여행 사이트

홈페이지 www.0404.go.kr

대한민국 외교부 영사콜센터

근무 시간 24시간

전화 (+82)2-3210-0404(해외에서 이용 시)

INDEX

SEE

EAT

BUY

SLEEP